电子技术实践

——声音之重放

陈庭勋　主编

U0202242

海洋出版社

2018年·北京

内 容 简 介

本书内容：全书分为9章，包括人耳听觉规律、常用电子元器件介绍、半导体元件特性、小信号放大电路、音调控制与滤波、功率放大电路、电源电路、音响系统辅助电路、D类功放和电子装配工艺。涵盖模拟电子技术的全部内容和部分数字控制电路知识。

本书特色：1.突出技能。以扩音机设计制作项目形式传授模拟电子技术各层次的知识点，达到学以致用的目的。2.重视实践。从工程应用要求出发，明确应用目标，从而获取知识。3.指导教学。注重实体电路的连接训练和电路性能指标参数的测量，每一类模块电路均可安排为实验教学内容，每一个项目的实验方法均可灵活调整。

适用范围：可作为高等院校计算机类、电子类、电气类、自动化类、物理教学类专业基础教材，也可作为业余电子制作爱好者参考资料。

图书在版编目（CIP）数据

电子技术实践：声音之重放 / 陈庭勋主编.—北京：海洋出版社，2018.4

ISBN 978-7-5210-0020-7

Ⅰ．①电… Ⅱ．①陈… Ⅲ．①声重放系统－高等学校－教材 Ⅳ．①TN912.12

中国版本图书馆 CIP 数据核字（2018）第 003849 号

责任编辑：张曌嫘　张鹤凌	发 行 部：（010）62174379	
责任印制：赵麟苏	（010）68038093（邮购）	
排　　版：翔鸣图文工作室	总 编 室：（010）62114335	
承　　印：北京朝阳印刷厂有限责任公司	版　　次：2018 年 8 月第 1 版	
出版发行：海洋出版社	2018 年 8 月第 1 次印刷	
网　　址：www.oceanpress.com.cn	开　　本：787mm×1092mm　1/16	
地　　址：北京市海淀区大慧寺路 8 号（716 房间）	印　　张：13.25	
100081	字　　数：337 千字	
技术支持：（010）62100050	定　　价：39.00 元	

本书如有印、装质量问题可与本社发行部联系调换

本社教材出版中心诚征教材选题及优秀作者，邮件发至 hyjccb@sina.com

前　言

电子技术是当今应用较广的一项技术，几乎渗透于各个领域，如国防、科学、工业、通信、医疗、生物及文化等。电子技术从 19 世纪末 20 世纪初开始起步，至今经历了一个多世纪，发展较为成熟。如今电子技术以半导体技术为基础，从晶体管分立元件向大规模集成电路、软硬件结合的计算机系统发展。今后电子技术与现代信息技术、生物技术等结合还会有更大的发展空间。

在电子技术的教学过程中，出于技术问题处理方法上的差异，一般分为模拟电子技术、数字电子技术、高频电子线路、单片机原理与应用等若干门课程。除了懂得基本电子器件的工作原理外，模拟电子技术需要注重瞬时状态的变化，数字电子技术更注重于逻辑思维，高频电子线路则比较多地依赖于数学模型去理解，单片机应用着重于程序处理。但传统的课程重于对知识的理解和掌握，缺少了如何最有效地去选择和处理问题的训练，也就是注重吸收缺少释放，注重知识传授缺少思想方法训练。

作为一门实践性很强的工程技术课程，其落脚点应该在应用上，知识的吸收与释放应该构成一个整体。因此，本书在把握住基本知识点的基础上，从工程应用要求出发，明确应用目标而去获取知识，着力改变学生学习技术类课程时轻理解重记忆的学习方法，更加突出知识点形成的条件，因需而变的规律，从教学源头上将理论体系与实践应用构成整体，从而提高学生理论联系实际、实际现象凝练为理论知识的能力，拓展学生的创新思维。这是本书区别于传统教材的根本所在。

音响系统既可以是简单的系统，也可以是一个十分复杂的系统，所涉及电路类型广，知识面的调整、选择余地较大。本书以大功率音频线性放大系统的设计为主要线索，将相关知识点融入其中，涵盖模拟电子技术基础理论课程和实验课程的主要内容，包括基本电子元件的特性、小信号放大电路结构与性能、功率放大电路结构与性能、信号处理电路、信号产生电路、电源电路、基本控制电路等，还可以加入若干数字电路，另外，相对传统的模拟电子技术基础教材，本书还增加了一些工艺处理问题。整个教学过程可以作为一个大型实验进行，直接从工程设计中获取知识，培养能力，掌握技术。本书分为 9 章，本课程教学约需 48 时，包含知识讲解、性能分析与实际制作。

本书由浙江海洋大学教材出版基金资助出版。

本书由陈庭勋担任主编，冯燕尔、李林、吴挈诸位老师协助修正细节及统稿。书中的电路器件图形符号采用通性强的符号，如运算放大器采用国际通用符号，非国标图号。多数电路采用 Altium Designer 电路设计软件绘制。书中有不妥之处敬请读者指正。

模拟电子技术的应用不局限于音响系统。本书旨在更多地将"教"的过程转换成"议与思考"的过程，更多地将传授知识的过程转变为感悟知识的过程，更多地将被动学习转为主动学习。希望通过学习这本书，使学生真正掌握模拟电子的实质技术，让学生懂得技术的用处，让技术类课程回归于应用领域。

编者

2018 年 6 月于浙江海洋大学

写给读者的话

  模拟电路的技术核心是信号放大，有的是放大电压信号，有的是放大电流信号；有直流信号放大电路，也有交流信号放大电路等。电压比较电路可以认为是高倍率的放大电路；振荡电路是放大器输出的信号反馈后再放大；稳压电路是将输出的误差信号放大后调整输出电压。在构建各类放大电路时，很多细节问题放在了如何提高放大电路的稳定性、提高信号放大的线性度、提高信号传输的有效性、提高放大电路的加载能力、控制电路的频响特性等，并由此给出了形式各异的电路。如果在学习中抓住模拟信号放大这一核心问题，明确需要解决的技术要素，并认识、比较、归纳各种类型的电路结构，必将有助于全面掌握电子技术知识，提高实践应用能力。

  实际应用是学习技术类课程的根本所在，学习过程中重点要解决的是应用问题，要弄清楚电路构成的目标所在，电路参数计算的条件等，而不是单纯地记忆几类电路、几个计算公式，要更多地思考目标和条件变化后怎样改变电路结构、怎样更换器件型号，以适应实际需要。电子技术已经成为了一项经典的技术，在电子技术理论知识描述方面不乏优秀教材，但大多数注重理论体系自身的完整性，在学习了课程知识之后往往还不清楚自己能做什么设计工作，可以说在应用方面存在空白点，往往可实践性不强。鉴于这种普遍存在的情况，先给出明确的设计目标，由目标为线索系统地展开教学内容，就形成了本书呈现的项目式教学模式。

  项目式教学是为了更多地体现实际应用的思想，更踏实地去理解、掌握知识，更全面地提升能力。教学的内容也应当有一定的广度和深度，以扩音机设计制作作为目标，能够很好地涵盖模块电子技术基础的全部知识，因而本书编写的核心内容是模拟电子技术，这些内容都围绕扩音机设计制作这一项目而展开，相对应的教学实验也是围绕扩音机实验平台而进行。整个教学过程中将内容与目标紧密地联系在一起，有助于增加学员对知识的理解深度。

  在教材的编排方面，遵循了从简单到复杂逐步递进的认知规律。第 1 章和第 2 章是基础内容，可以理解为是以后进行电路设计的条件，包括被处理信号的特征，电路设计中可以采用的元器件等。第 3 章至第 8 章是不同结构的实用电路，具有各自的功能特点，满足不同的实际需要。第 9 章是扩音机制作中的工艺问题，这些工艺问题本身隐含着许多技术要素，如信号传输线种类选择，接地处理技术等。

  本书的大多数章节都涉及模块电路，这些电路具备单一功能，各自达到不同的工作效果。D 类功率放大器这一章不是单一功能的电路，而是模拟电子技术的一个综合应用，略显复杂，因此单独作为一章处理，作为自主选择的教学内容。相对于扩音机制作这一项目，一些难以系统性表述的电路被安排在了第 7 章"音响系统辅助电路"中，电压比较电路、振荡电路等都列于其中。辅助电路种类可多可少，实际扩音机中不局限于这一些，教学中根据实际需要可以作一些增加或者删减。

  关于振荡器的理论问题实际是一个很简单的规律问题，在第 7 章中介绍了 RC 延迟反馈式迟滞

振荡电路和 RC 文氏桥式振荡电路之后，并进行了一个简单的归纳，以揭示反馈式振荡电路组成的一般规律。在振荡电路的学习中不能简单地停留在振荡频率的计算上，而是要理解电路的起振过程、振荡过程。

在模块电路的处理中，负反馈理论是一个很重要的知识点，以至于每一个应用电路都要引入负反馈，没有负反馈电路几乎无法正常工作。因此，与传统的教材编排不同，没有将小信号放大电路与负反馈放大电路分离开来讲解，而是融合在放大电路中，在第 3 章介绍小信号放大电路时，就提出了负反馈的概念，以后所用到的每一个线性电路都附带了负反馈网络，并且简化了抽象的负反馈理论介绍。

任何放大电路均有一定的频率响应范围，通常采用低端截止频率和高端截止频率两个值来表示其频率范围，这一处理方法并不能完全体现大信号放大电路的真实频率响应特性，特别是对于音频功率放大器，高端的频率响应能力往往受功率器件限制，而功率器的高频响应能力更多的是受其压摆率限制，表现为输入正弦测试信号频率升高时，输出的信号电压幅度尚未明显下降而其波形已经开始明显失真，电压变化率达到了器件的工作极限，没有能力再紧跟正弦信号的电压变化率。当放大器输出的电压变化率达到了器件的工作极限时，尽管信号电压幅度尚未下降至 −3dB，也应当认为已经到了电路的高端频率值，这一观念与传统教材有明显区别。用低端截止频率和高端截止频率两个值来表示频率范围的方法比较适合于小信号放大电路和滤波电路。

至于学习方法问题，更强调的是要明确工作目标，即明确自己要做什么，一切为了解决实际问题而设计电路，掌握电路性能，解决出现的问题。以往造成学习困难的一个原因是没有目标，不清楚自己要达到的目的，以致于不知道自己在做什么，只是一味地听从老师的安排，死记硬背书中内容。明确目标后再涉及技术积累或知识积累问题，有积累才会有发展。不断总结，不断地丰富自己的积累也是一个有效的学习方法。知识的学习一定是一个渐进的过程，应该掌握各种类型的电路，把握好每一个应用环节。

关于教学安排，根据教学对象的实际情况，有重点地选择需要的教学内容，基本是一小节讲解一节课，将更多的时间安排为实验教学。理论课与实践课的课时比例以 1∶2 为宜，而且全部安排在实验室中进行教学，讲与练交叉进行，抛弃"今天在教室上理论课明天到实验室上实验课"这种融合不顺畅的教学模式。建议少讲多练多思考，尽量避免灌输性的教学，培养学生的主动思考意识，从发现的客观问题中着手解决，从而巩固知识点。

在实验教学内容的安排方面，注重实体电路的连接训练和电路性能指标参数的测量，每一类模块电路都可以安排为实验教学内容。在采用本书的实验班教学中，开设过以下 16 个实验项目：用双踪示波器显示晶体二极管的伏安特性曲线；双踪示波器显示晶体三极管输出特性曲线；三极管构建小信号放大电路；单电源双电源运算放大电路实验；多路信号混合放大；负反馈改善放大电路的失真实验；运算放大电路的频率响应特性测量；LM386 集成功率放大电路实验；二阶有源滤波电路特性测量；二阶有源滤波电路选频实验；压控音量音调控制器实验；测量比较整流电路的工作效率；串并联型直流稳压电路实验；串联型直流稳流电路实验；电源闪烁指示灯实验；音响系统组装工艺训练。

在确定了实验项目之后，每一个项目的实验方法还可以灵活调整。这一些实验中大多数处理成设计性实验，尽量启发学生主动思考。前期的实验电路结构都比较简单，要求学生在面包板上连接线路，作为一个接线训练，从中可以纠正一些低级缺陷，如从平面到空间无法转换的问题，信号源电源不加区分的问题，无法将两个直流电源组成双电源的问题等。有一些比较复杂的实验电路采用模块形式，可以节省大量时间，提高电路工作的可靠性，如二阶有源滤波电路选频实验，压控音量音调控制器实验等。

对学生而言，实验过程中会出现难以理解的现象，其中有些是很有实用价值的，如不同组对同步整流电路工作效率的测量数据差异很大，这里就隐含着测量方法问题。因此，最好能对每一次的实验做一个简要讲评，这样更利于提高学生的能力。

与本书相配套，作者设计了一套"基于扩音机的电子技术实验平台"，包含功放母板和电路模块，另加一块面包板，全部实验均可在该平台上完成。同时，该平台也是一台完整的可实际使用的扩音机。

编者

2018 年 6 月

符 号 说 明

A	放大器增益	I_{DSS}	漏极漏电电流
A_f	反馈放大器增益	i_i	输入电流
A_v	电压增益	I_L	负载电流
A_i	电流增益	i_o	输出电流
A_{vd}	差模电压增益	I_s	信号源电流
A_{vc}	共模电压增益	IC	集成器件
B	磁感应强度	k_f	反馈系数
B,b	电纳,晶体三极管基极	K_{CMR}	共模抑制比
BW	频率带宽	P,p	功率
BX	保险丝管	n	变压器匝比
C	电容,晶体三极管集电极	P_C	集电极耗散功率
c	晶体三极管集电极	P_D	漏极耗散功率
CT	电流互感器	P_o	输出功率
D	晶体二极管,漏极	P_{om}	最大输出功率
D	脉冲占空比	P_L	负载功率
D_Z	稳压二极管	P_E	电源功率
E,e	晶体三极管发射电极	P_T	管子耗散功率
E_C	电源电压	Pn	接线端
F,f	频率,反馈深度	Q	静态工作点,三极管,场效应管
f_L	下限截止频率	Q	谐振电路品质因数
f_H	上限截止频率	R	电阻器
f_0	中心频率或特征频率	R,r	电阻值
G	栅极	R_B	基极电阻
G,g	电导	R_C	集电极电阻
g_m	跨导	R_E	发射极电阻
I	电流参数	R_L	负载电阻
I,i	电流值	R_g	信号源内阻
I_{CSS}	集电极漏电电流	r_{be}	三极管 BE 极间电阻
I_{CC}	电源电流	r_i	输入电阻
I_{DD}	电源电流	r_o	输出电阻

S	源极	v_o	输出交流信号电压瞬时值
S_V	电压调整率	V_Q	静态工作点电压
s	稳压系数，时间单位（秒）	X, x	电抗
T	变压器	Y, y	导纳
V	电压，伏特（电压单位）	Z, z	阻抗
V, v	电压值，电位值	L	电感
V_a	a 点电位	β	晶体三极管电流放大倍数
V_{ab}	a、b 点间电压	β_0	晶体三极管电流平均放大倍数
V_{CC}	正电源电压	η	效率
V_{DD}	正电源电压	η_m	最高效率
V_{EE}	负电源电压	μ_0	真空磁导率
V_{SS}	负电源电压	μ_r	相对磁导率
$V_{(BR)CEO}$	三极管基极开路时，集电极与发射极之间最高耐压	μs	微秒（时间单位）
		μF	微法（电容量单位）
V_{CES}	三极管饱和压降	ω	角频率
V_{DSS}	场效应管开通压降	ω_0	特征角频率，谐振角频率
v_g, v_s	信号源电压瞬时值	Ω	电阻单位
v_i	输入交流信号电压瞬时值		

目 录

第1章　基于电子技术的音响系统

本章是作为后续电子技术在音响系统中应用的一个环境基础，为项目式教学做目标引导，包括声音特征、听觉规律、电子技术在其中的作用等，让读者先了解与声音重放相关联的因素，需要解决的一些技术问题等。同时提供了一套基于扩音机的电子技术实验平台，明确实验对象。

1.1　声音的存储与重放

1.1.1　声音的基本特征

声音源于物体的振动，以波的形式传播，其振动方向与传播方向一致，是一种纵向的机械波，又称疏密波。声音作为波的一种，可以用频率、振幅、相位 3 个重要参数来描述声波特性，频率的大小与我们通常所说的高低音对应，而振幅影响声音的大小，人耳对单一声音的相位不敏感。自然界的声音往往不是单一频率的声音，如图 1-1 所示是管乐器发出的某一声音转换成电信号后的波形，对于这种周期性的非正弦波利用傅里叶变换（Fourier Transform），可以分解为不同频率不同强度正弦波的迭加，表现出一定的频谱成分，一般描述为频谱图，如图 1-2 所示。波形图和频谱图分别从时域和频域进行描述，是描述声音特性的两个最常用曲线。

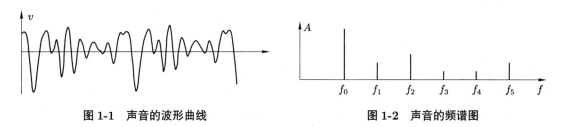

图 1-1　声音的波形曲线　　　　　　　　　图 1-2　声音的频谱图

正常人耳可以听到的单音频率一般为 20Hz ～ 20kHz，最敏感的频率范围为 1 ～ 3kHz。超过 20kHz 的称为超声波，低于 20Hz 的称为次声波，都是人耳不能直接听到的。如蝴蝶翅膀扇动频率很小，约 5Hz，所以一般听不到蝴蝶翅膀扇动的声音；而蚊子翅膀的扇动频率可以达到 300Hz 以上，因此人们可以听到蚊子飞行的嗡嗡声。

声音的强度常用声压 P 和声功率 I 两个参数描述。声压是声波某一瞬间压强相对于无声波压强的变化量，由振幅大小决定，基本单位是 N/m²；声功率是单位面积的声波能量，

1

与声速、声波频率的平方、振幅的平方三者成正比，基本单位是 W/m^2。声压和声强之间有固定的关系：

$$I = \frac{P^2}{\rho v}$$

式中，ρ 为介质密度；v 为声速。

声音的传播必须依托物质，实际是物质原子的一种振动。不同物质中声音的传播速度不同，差异较大，一般是固体中声速大于液体中的声速，而液体中的声速大于气体中的声速。物质的坚韧度越高声速也越快。真空中因缺乏物质而无法传播声音。声音在空气中的传播速度还与压强和温度有关。声音在常见物质中的传播速度见表 1-1。

表 1-1　常见物质中的声速

物　　　质	声　　　速
空气	331m/s（0℃）、340m/s（15℃）、346m/s（25℃）
蒸馏水	1497m/s（25℃）
海水	1531m/s（25℃）
冰	3230m/s
铜（棒）	3750m/s
大理石	3810m/s
铝（棒）	5000m/s
铁（棒）	5200m/s

声音可以反射。我们在高墙前或山谷中叫喊时，往往可以听到回声，这就是声音反射现象。声音传播过程中遇到声速截然不同的两类物质界面时都会发生反射。当声音从低声速物质传向高声速物质时，反射波的相位不会改变，即入射波为正压其反射波也为正压。反过来就从高声速物质向低声速物质传播时，反射波的相位会变化180°，即入射波为正压时其反射波变为负压。

当声音传播到柔软、粗糙、多孔的物体表面时难以被反射，而是表现为声音吸收。这种反射性能差的材料被称为吸声材料，吸声材料有纤维结构和微气孔结构两类。纤维吸声的原理是通过纤维振动过程中的相互摩擦，将声能转换成热；微气孔吸声的原理是气孔中声音的传播速度与周边材料中的不同，声音传播相位被打乱从而变成了热运动。

对声音的分析需要依靠现代电子技术，要将声音信号转换成电信号后，才有条件做各种技术处理。如分析声音的频率成分、滤除某一些频率的声音信号、将多种声音进行比例混合等。

1.1.2　人耳听觉特性

声音的重放就是要满足人的听觉要求。人耳对声音的主观感觉有响度、音调、音色3个参数，称为声音的三要素。

1. 响度

响度是人耳对声功率大小的主观感觉。人的生理特点决定了响度与声音的功率之间不是线性比例关系，而是成对数关系，即人耳听觉具有对数特性。比如听输出功率 10W 的功率放大器输出的声音与听输出功率 100W 的功率放大器输出的声音，主观上只感觉响度差别是 2 倍关系，而它们的声功率却是 10 倍关系。对于同样声强的信号，响度还要受声音频率的影响，图 1-3 是弗莱彻 – 芒森等响度曲线，反映了响度和频率的关系。响度等级的单位是"方"，指 1kHz 纯音对应的声压分贝值。

2. 音调

人耳对声音频率高低的主观感觉称为音调，音调主要与声音基音频率有关，对频率变化的感觉也成对数关系。音调的单位是 mel，将 1kHz、40dB 条件下纯音的音调定义为 1000mel。音色与声音的频谱结构相关联。在音乐上把一倍频程的变化称作八度音。

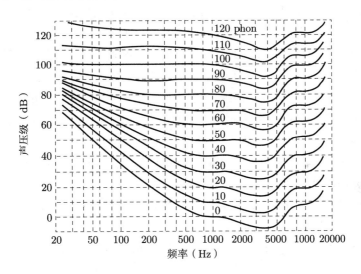

图 1-3　弗来彻 – 芒森等响度曲线

3. 音色

音色是听觉上区别具有同样响度和音调的两个声音的主观感觉，也称为音品。音色主要由声音的频谱结构决定，也就是由声音的基频和谐波的数量以及它们的相互关系决定。音色与谐波数量有关外，还与发声体振动的起振、稳定、衰减的时间过程有关。

4. 听觉的方位感特性

人耳对声音传播方向及距离的定位辨别能力非常强，无论声音来自哪个方向，都能准确无误地辨别出声源的方位，这就是人耳听觉的方位感特性，是产生声音立体感的基础，其生理基础是人的双耳效应，由声音传到两只耳朵的时间差（相位差）与声压差有关。

5. 人耳的聚焦效应

人耳的听觉可以从众多的声音中聚焦到某一点上。在听多人交谈时，听者会把精力与听力集中到某一个人发出的声音上，其他人的讲话声就会被大脑皮层抑制，使听觉感受到的是单一纯言语声。这种抑制能力因人而异，经常进行听力训练的人抑制能力就强。这一现象与人的视觉特性不同，看过三维图画的人都知道，要想观赏到三维平面图画的立体效果，须先使眼睛呈散焦状态。我们看到的三维图画的立体效果，实际上是视焦点前后位移产生的层次感。

1.1.3　存储媒体与重放

声音本身无法存储，只有在被转换成电信号后，结合现代技术才实现了声音存储。如空间存储体，典型的是唱片；光学存储体，主要是光碟，如 CD 碟片、DVD 碟片等；磁性存储体，如磁带、磁盘等；半导体存储体，如优盘、MP3 等。在数字化技术发展后，主要采用后 3 类存储方式。声音数字化后形成多种存储格式，常用的有 WAV、MIDI、MP3、WMA、CD、RA、AU、MD 和 VOC 等，它们的编码和解码要求都不同。

声音重放就是还原出声音机械波，时下流行高保真重放，其要求是输出与原来的声音高度相似的重放声音，简称"Hi-Fi"。多声道重放是其必要的手段。

要实现高保真重放，可利用多频段重放技术。音响系统及音频的划分，音响系统的重放声音的音域范围一般可以分为超低音、低音、中低音、中音、中高音、次高音、高音、特高音 8 个音域。音频频率范围一般可以分为 4 个频段，即低频段（30～150Hz）、中低频段（150～500Hz）、中高频段（500～5000Hz）、高频段（5000～20000Hz），视扬声器的频响特性分频段重放。

声音重放设备可以分作声源设备、中间设备、电－声转换设备 3 大类。声源设备有录音机、碟片机、MP3、计算机等。电－声转换设备就是音箱或耳机。中间设备的种类非常多，主要依靠电子技术重点解决的问题，多声道功放是最基本的设备。

1.2　音响系统与扩音机

音响系统既涉及电子设备，也涉及传声环境，扩音机是音响系统中最重要的设备，也是电子技术综合应用的典型示例。

1.2.1　音响系统的组成

所谓音响系统就是指重放声音的系统，包括声源、放大器、音效处理器及扬声器 4 个基本部分。声源有 4 类：①现场声音，一般由 MIC 转换而来；②声音存储设备，如 CD 机、DVD 机、录音机、MP3 设备等声音记录部分；③由实时播放的通信电信号解调获得的，如广播信号通过收音机接收、电视信号通过电视机接收等；④由软件计算产生声音，用于播放。无论是哪一类声源，声音信号频率都包含有 20kHz 以下的频率成分，并且自然音是多频率信号的混合。放大器是典型的电子设备，其作用是将声源送来的电信号按比例增大输出功率，使其足以驱动扬声器工作。一些高档音响系统的电子设备除了放大器之外，还有大量其他的电子设备，如混响设备等。

一个基本音响系统的组成，是把话筒连接至调音台，调音台的输出经过一批周边器材然后送往功放，功放的输出连接至音箱。在一个音响系统里，周边器材配搭和连接线路是最为复杂的，而且器材种类繁多，包括使声音变得结实的压缩器、增强效果的激励器、修饰音质的均衡器、过滤或强化某些信号用的参数均衡器、消除啸叫声的反馈抑制器、保护喇叭单元的限幅器、调校喇叭时间差的延时器以及补偿房间频响缺陷的均衡器。

图 1-4 是通常所说的 5.1 声道家庭影院的声音重放系统，在日常应用中属于比较高端的配置，一般用于播放 DVD 碟片。多数 DVD 碟片中声音录制格式是 5.1 声道，5 声道指前中、前左、前右、后左、后右，".1"声道指重低音，它没有方向性，只设置一个音箱。目前比较简单的立体声音重放系统只有左右两个通道，如图 1-5 所示，计算机音响等就属于这一类。

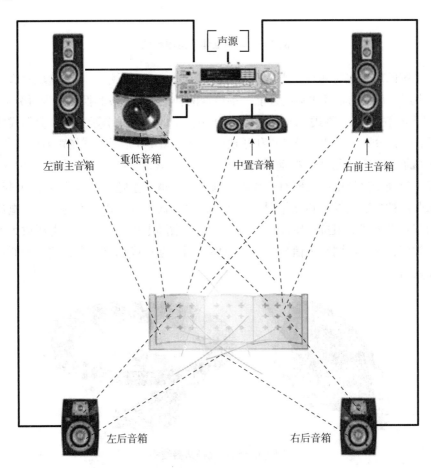

图 1-4　家庭音响系统组成

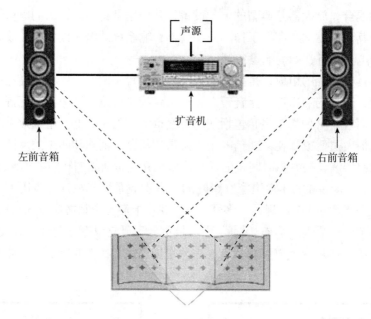

图 1-5　简单立体声重放系统

　　音响系统的质量主要体现在声音质量，简称音质。音响系统中各个组成对音质都有影响，现实中影响最大的是扬声器的性能。扬声器的种类很多，按其换能原理可分为动圈式、静电式（即电容式）、电磁式（即舌簧式）、压电式（即晶体式）等，其中动圈式扬声器应用最广泛，它又分为纸盆式、号筒式和球顶形 3 种。图 1-6 是纸盆式扬声器的整体结构图。纸盆式扬声器由 3 部分组成：振动系统（包括锥形纸盆、音圈和定心支片等）；磁路系统；支承系统。当处于磁场中的音圈有音频电流通过时，就产生随音频电流变化的磁场，这一磁场与永久磁铁的磁场发生相互作用，使音圈沿着轴向振动。作用力的大小与电流值成正比，而动圈式扬声器的阻抗呈感性，其电流滞后于激励电压，采用普通电压放大器会造成声压滞后效应，而且不同频率信号的滞后效果不同，会造成相位失真，这是动圈式传声系统的重大缺陷。

图 1-6　纸盆式扬声器结构

　　给一只扬声器加上相同电压而不同频率的音频信号时，其产生的声压将会产生变化。如中音频时产生的声压较大，而低音频和高音频时产生的声压较小。当声压下降为中音频的某一数值时的高、低音频率范围，称为该扬声器的频率响应特性。任何扬声器都不可能均匀重放 20Hz～20kHz 全部音频，每一只扬声器只能较好地重放音频的某一部分。扬声器不能把原来的声音逼真地重放出来就是失真。

失真主要有频率失真和非线性失真。频率失真是由于对某些频率的信号放音较强，而对另一些频率的信号放音较弱造成的，失真破坏了原来高低音响度的比例，改变了原声音色；而非线性失真是由于扬声器振动系统的振动和信号的波动不能够完全一致造成的，在输出的声波中增加新的频率成分。

从音响系统的组成来看，整个音响系统完全依赖于电子设备构成。电子设备除了重放声音之外，还需要采取措施弥补环境传播声音所造成的缺陷。电子设备的性能决定了音响系统的质量。

1.2.2　扩音机

在复杂的音响系统里面，有一大堆前置放大器、均衡器、混响器、功率放大器、调音台等电子设备，而在家庭音响中不可能放置如此多的电子设备，因而将前置放大器、功率放大器、简单调音部件集成为一台扩音机，这是家庭音响系统的最主要设备。

图 1-7 是以信号流为线索的扩音机基本组成框图，每一个框都是一个子功能模块。大型音响系统往往是将子功能模块独立成一个功能设备，这些设备的技术性能都与电子技术密切相关。

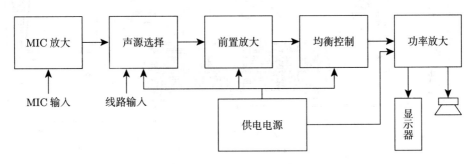

图 1-7　扩音机的基本组成

扩音机的基本要求是保真，要求音频放大器谐波失真小、频率失真小以及相位失真小等。谐波是指音响系统输出声音中出现了输入信号频率之外的信号成分，所谓谐波失真是指新产生的频率成分信号幅度与原信号幅度之比值。测量方法通常是输入单一频率的正弦信号，用频谱分析仪测量输出端的基频分量和谐波分量，再计算出失真度。谐波失真往往是由放大电路的非线性特性造成，谐波失真度低的放大器线性度好，现在的集成放大器的谐波失真度一般都可以做到 0.1% 以下。频率失真与放大器的频响特性相关联，一个单纯的频率失真可以看成是放大器对于不同频率的信号放大倍数不同，表现为"频响曲线不平直"，主要由元器件的固有频率特性和放大器的电路设计导致。相位失真是指不同频率信号放大前后的相位差不一致，采用负反馈技术往往是造成放大器相位失真的主要原因。

1.2.3 基于扩音机的电子技术实验平台

技术类知识的学习最好是以实际应用为目标，本书围绕着扩音机设计这一应用目标，从中学习电子技术基础。模拟电子技术的核心是信号放大，而扩音机的主要任务就是放大音频信号，它比较全面地应用了电子技术基础的内容。因此，将扩音机电路进行适当的功能展开，划分出不同功能的电子线路模块，在线路结构上预留出音频信号连接与调整端口，就成为一个电子技术基础的实验平台，并且可以从一个电子系统中进入其中的一个单元电路，考察其电路结构特点、性能指标等。这样的实验目标更加明确，实验者更容易接受对性能指标的要求。为此，本书配备了一套基于扩音机的电子技术实验平台，实际是开放式的扩音机，可以灵活组合其中的各模块电路进行实验，也可以作为普通的扩音机使用，图1-8和图1-9是它的内部结构图。

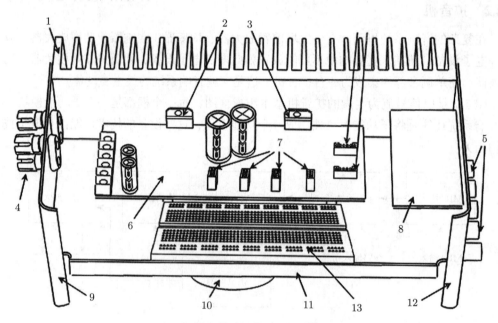

图 1-8　电子技术实验平台信号处理区域

1—铝质散热器；2—集成功率放大芯片；3—信号输入插座；4—扬声器接线柱；5—音效调节旋钮；6—功率放大母板；7—功能模块插座；8—线路板；9—后端面板；10—电源变压器；11—铁质中间分隔板；12—前端面板；13—面包板

基于扩音机的电子技术实验平台设计成半敞开式结构，依托一个大散热器固定壳体，其中的电源电路和信号处理电路两大部分分作两个区域安装于敞开式金属支架上，方便更换电路模块。

实验平台的信号处理电路以音频信号流为主线索，以 OCL 集成功率放大芯片构成电路母板，母板再连接其他附属小电路板。在母板上设置 2 个音频信号输入有源接口，4 个相同结构的音频信号中间处理接口，1 组扬声器输出接口，1 组直流电源输入接口。母板上的音频信号由前端向后端输送，电源由后端向前端输送。在母板外侧的铁质分隔板上固定一块面包板，可以用面包板插线与母板上 $2 \times 5P$ 的 2.54mm 双排插座相连接。电子技术实验平台信号流的前端设置有声源选择电路模块，包含 MIC 输入接口、USB 接口、TF 卡插槽及其他线路输入接口，安装于前端面板，用馈电线与母板连接，可以独立拆装。电源电路包含交流输入接口、电源变压器及整流器流滤波电路，安装于敞开式金属支架电源区域，如图 1-9 所示，通过馈电线连接至母板的电源接入口。

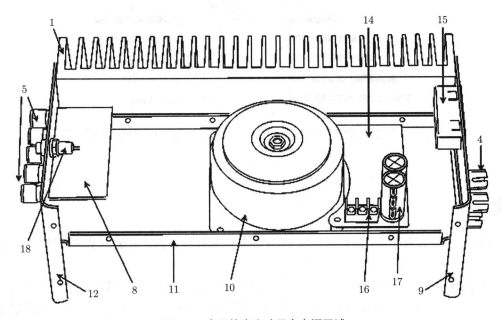

图 1-9　电子技术实验平台电源区域

1—铝质散热器；4—扬声器接线柱；5—音效调节旋钮；8—线路板；9—后端面板；10—电源变压器；11—铁质中间分隔板；12—前端面板；14—直流电源板；15—交流电输入插座及开关；16—直流电源板交流电输入接线排；17—滤波电容；18—扩音机开启按钮

音频信号中间处理接口采用 $2 \times 5P$ 的 2.54mm 双排插座，两路音频信号通道分列在插座的两外边，每边的一个芯作为信号输入，另一个芯作为信号输出，插座的间中两芯定为地线，地线的两边是 $\pm 12V$ 电源线，处理音频信号的各独立电路模块均以接插件插入式连接至电路母板（图 1-10）。音频信号中间处理接口用于连接音量音调控制电路模块、信号放大电路模块、信号滤波电路模块等。在音频信号中间处理接口设置中，将 $\pm 12V$ 电源输入侧的插座芯位 3 和 7 封堵或者去除接线片，是防止模块电路反方向插入造成电压极性反接而损坏器件。当某个插座不需连接模块电路时，用导线短接信号输入输出插座芯，如采用尾部短路的排插连接。

除了音频信号中间接口连接模块电路外，还可以在面包板上搭建电路再连接至音频信号中间接口，便于灵活构建电路。

附属电路中的 MIC 信号放大电路、声音文件解码模块、其他线路输入接口等均集中在声源选择电路模块上，依赖模拟开关通过选择按钮以循环方式选择其中一个声源送至电路母板。为了使得各声源传输到接口处的电平尽量一致，MIC 信号放大电路的电压增益控制在 $80 \sim 100$ 倍，并适合驻极体话筒的使用要求；声音文件解码模块输出的信号电压衰

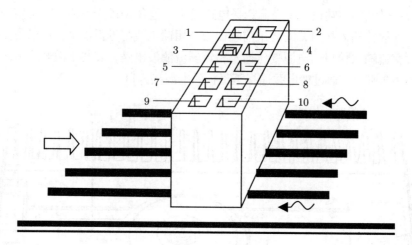

图 1-10　外接模块插座

1，2—a 声道插口；9，10—b 声道插口；5，6—地线插口；4—电源 +12V 插口；

7，8—电源 –12V 插口；第 3 槽位被封堵，以防止电路模块反向插入

减 10 倍。另外，还可以单独设置其他 MIC 信号放大模块，独立安装，单独通过导线与母板上的音频信号输入有源接口相连接。

　　基于扩音机的电子技术实验平台的优点是将音频信号源选择、音频信号处理、小信号放大、音频功率放大、电源技术、保护技术、电子工艺等构建成一个系统，还可以加入各种数字控制模块，既能独立测试调整各功能模块，又有明显的应用目标。配齐各功能部件，就是一台性能优异、功能完整的扩音机产品，可以播放 MIC、LINE 信号和 WAV、MP3 等声音文件。

[**思考与练习**]

　　1．声音重放设备的作用是什么？最基本的声音重放设备有哪些？

　　2．人耳听觉的最灵敏声音频率是多少？

　　3．立体声效果是怎么形成的？ 5.1 声道的含义是什么？

　　4．高音、低音是指什么？

　　5．声音的响度与声功率之间有什么关系？

　　6．为什么要将音箱分作高音音箱、中音音箱、低音音箱、重低音音箱等？

　　7．扩音机电路由哪几部分组成？

　　8．功率放大前或放大后进行分频的优、缺点各是什么？

　　9．基于扩音机的电子技术实验平台有几路供电电源？扩展插座的布线规律如何？

　　10．基于扩音机的电子技术实验平台如何连接信号源输入信号？

第 2 章　常用电子元器件

电子电路依靠电子器件构建，现代电子技术是伴随着电子器件的发展而进步的。要想掌握电子技术，首先要了解相关电子器件的特性，特别是电子器件在电路中的电压 – 电流关系，简称伏安关系。本章集中描述了应用中不可缺少的无源器件、有源元器件，将电阻、电容、电感、二极管、三极管、场效应管、运算放大器等作为同一应用地位的基础元件对待。

2.1　常见无源元器件概述

现代电子技术是建立在半导体技术基础之上的，晶体管推进了全球范围内的半导体电子工业发展。作为主要部件，晶体管首先在通信工具方面得到应用，并产生了巨大的经济效益。由于晶体管彻底改变了电子线路的结构，集成电路以及大规模集成电路应运而生，这样，制造出像高速电子计算机之类的高精密装置就变成了现实。

电子技术所涉及的元器件种类繁多，一般依据在电路中所起到的作用，分为电阻器、电容器、电感器 3 类基本无源元件，晶体二极管、晶体三极管、场效应管、晶闸管、集成运算放大器、电压比较器等基本有源元件，集成功率放大器、数字逻辑器件、传感器、显示器、微处理芯片等专用功能元器件。

2.1.1　电阻器

电阻器的基本作用是在电路中限制电流，产生功率损耗，其主参数是电阻值 R 和额定功率。利用电阻值与其他物理参数之间的特定关系，可以制成各种敏感器件或传感器。压敏电阻是一类特殊的电阻器，当所施加电压超过额定值时，呈现击穿现象，所以压敏电阻的主要参数是额定耐压和散热面积。电阻器作为一类基本电子元器件，已形成了标准化产品，实际使用中一般都是购买成品电阻器。

电阻器在电路中伏安关系如式（2-1）所示。

$$V = RI \tag{2-1}$$

电阻的伏安坐标曲线如图 2-1 所示，表现为过原点的一条直线，其斜率的倒数就是电阻值 R。凡是在电路中符合式（2-1）关系的因子都可以归属为电阻性质，皆可等效为一个电阻看待。各种电阻如图 2-2～图 2-6 所示。

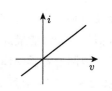

图 2-1　电阻的伏安曲线

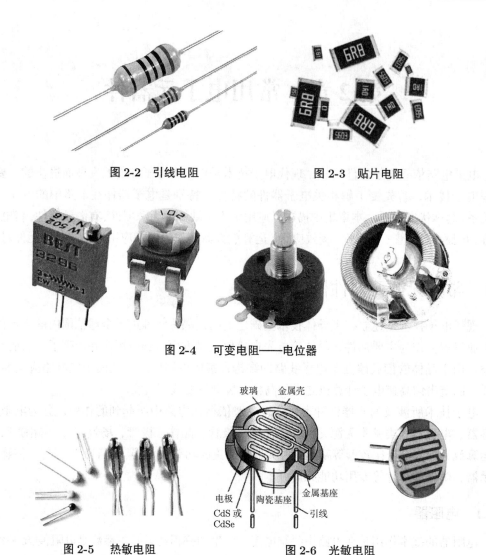

图 2-2　引线电阻　　　　　　　　图 2-3　贴片电阻

图 2-4　可变电阻——电位器

图 2-5　热敏电阻　　　　　　　　图 2-6　光敏电阻

热敏电阻（图 2-5）是其电阻值随环境温度的高低而改变的一类电阻器件，光敏电阻（图 2-6）是其电阻值随环境光线的强弱而改变的一类电阻器件，还有一些受其他因素改变电阻值的器件，如磁敏电阻等，它们一般用作传感器。

2.1.2　电容器

电容器的基本作用是储存电荷形成电压。有机薄膜介质电容器是较常用的一类电容器，介质材料可以分作涤纶、聚苯乙烯、聚氟乙烯、聚丙烯（CBB）薄膜等，其中以 CBB 电容器的高频性能最好。

微调电容器用作高频谐振回路的电容量微调，有高频瓷介质（图 2-7）、有机薄膜介质（图 2-8）、空气介质 3 类，目前高频瓷介质和有机薄膜介质用得较广。

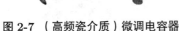

图 2-7　（高频瓷介质）微调电容器

图 2-8　微调电容器（有机薄膜介质）

电解电容器（图 2-9）的特点是电容量大，有铝电解、钽电解、合金电解、铌电解等电容器，其中以钽电解电容器的高频性能最好，铝电解电容器最常用。

图 2-9　电解电容器

轴向电容器的特点是自身电感量小，承受脉冲电流的能力强，常被用在高速电路和能量吸收电路中（图 2-10、图 2-11）。

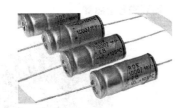

图 2-10　铝电解轴向电容　　　　　　　　图 2-11　CBB 轴向电容

电容器在电路中的伏安关系如式（2-2）所示，即微分关系式（2-2）的系数 C 就是电容器的电容量。

$$i_C = C\frac{dv_C}{dt} \tag{2-2}$$

式中 i_C 是流过电容器的电流；v_C 是电容器两端的电压。如果 v_C 是正弦函数，i_C 是余弦函数，说明电容器上的电流 i_C 超前电容器两端的电压 v_C 相位 90°。

2.1.3　电感器

电感器的基本作用是交流信号限流，限制电流的变化率，储存磁场能，其主参数是电感量和载流能力。利用电感量与其他物理参数之间的特定关系，可以做成传感器或敏感器件。电感器的基本结构是导线绕圈，空芯线圈的电感量较小，大电感量的电感内部都加有磁芯、铁芯等增磁材料（图 2-12 至图 2-17）。电感器作为一类基本电子元器件，其产品结构已经标准化，少量的成品电感已投入市场，但由于其应用上较为复杂，有很多电感器还是需要有针对性地定制。

图 2-12　标准化成品电感器

图 2-13　空芯电感器　　　　　　图 2-14　高频磁芯电感器

图 2-15　工字型磁芯电感器　　图 2-16　铁氧体磁环共模电感器　　图 2-17　铁硅铝磁环电感器

　　电感器的性能主要受磁芯材料的影响，常用的磁芯材料有铁芯、锰锌铁氧体、镍锌铁氧体、铁粉芯、铁硅铝、铁镍钼金属磁粉芯、铍莫合金、超微晶合金等。自己制作电感器就是根据要求选择适当的磁芯材料绕制线圈。

　　电感器在电路中的伏安关系如式（2-3）所示，或者说具有式（2-3）微分关系的系数 L 就是电感器的电感量。

$$v_L = L\frac{\mathrm{d}i_L}{\mathrm{d}t} \qquad\qquad (2\text{-}3)$$

式中，v_L 是电感器两端的电压；i_L 是流过电感器的电流。如果 i_C 是正弦函数，则 v_C 是余弦函数，说明电感器上的电流 i_L 滞后电感器两端的电压 v_L 相位90°。

2.1.4　参数标注的识别

每一个元器件都有多个参数指标，如电阻器的 3 大参数是电阻值、功率、误差，阻值的基本单位为欧姆（Ω）；电感器的 3 大参数是电感量、载流值、误差；电容器的 3 大参数是电容量、耐压、误差。通常在元器件表面上标有最主要的参数，除了直接标注外，小体积的元器件采用色环标注法和数字缩写法。

1）色环标注法的识别

色环标注法常用于穿孔安装的圆柱形电阻器和电感器，在圆柱体画有环状颜色条纹，表示阻值（电感量）及误差，又称色环电阻或色环电感，颜色与数字的对应关系见表 2-1。

表 2-1　电阻色环与数字关系

颜色	棕	红	橙	黄	绿	蓝	紫	灰	白	黑	金	银
数值	1	2	3	4	5	6	7	8	9	0	—	—
倍乘数	10	10^2	10^3	10^4	10^5	10^6	10^7	—	—	1	10^{-1}	10^{-2}
误差（%）	±1	±2	—	—	±0.5	±0.25	±0.1	±	—	—	±5	±10

各色环的含义如下。

普通电阻用 4 个色环表示［图 2-18（b）］，从左往右排列，第 1、2 环代表数值，第 3 环代表倍乘数，第 4 环代表误差。其中金色、银色色环在倒数第 2 环代表倍乘数，在末环代表误差。

精密电阻用 5 个色环表示［图 2-18（b）］。对于五环器件，从左往右排列，第 1 至第 3 环代表数值，第 4 环代表倍乘数，第 5 环代表误差。其中金色、银色色环在倒数第 2 环代表倍乘数，在末环代表误差。

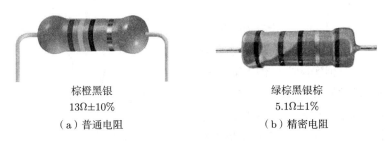

棕橙黑银　　　　　　　　　　　　绿棕黑银棕
13Ω±10%　　　　　　　　　　　5.1Ω±1%
（a）普通电阻　　　　　　　　　（b）精密电阻

图 2-18　色环电阻

按照以上规律将色环代表的数字转换成数值即可。对于电阻器而言，基本阻值单位为 Ω，数值后加上 Ω 单位。如图 2-18 所示。对于电感器而言，基本阻值单位为 μH，数值后加上 μH 单位。

2）数字缩写法

小型电容器和贴片电阻等采用数字缩写法，在其表面印刷有三位或四位数字，来表示其容量或阻值，如图 2-19 中的三位数字 103。

图 2-19　电容器

这类表示法更简单：前两位表示数值，末位表示 10 的次方数，如 103 表示 10×10^3。对于电阻在数值后加上单位 Ω，对于电容在数值后加上单位 pF 即可。如图 2-19 所示的电容器的容量为 10×10^3pF，也就是通常所称的 $0.01\mu F$。

另外，图 2-19 中的"K"代表精度或误差，"1KV"代表这只电容的耐压为 1 千伏特。

2.2　晶体二极管和肖特基二极管

2.2.1　晶体二极管

晶体二极管的主体是一个由 P 型半导体和 N 型半导体形成的 P-N 结，在 P-N 结界面处两侧形成空间电荷层，并有自建电场。当不存在外加电压时，由于 P-N 结两边载流子浓度差引起的扩散电流和自建电场引起的漂移电流相等而处于电平衡状态。当外界有正向电压偏置时，外界电场和自建电场的互相抑消作用使载流子的扩散电流增加引起了正向电流。当外界有反向电压偏置时，外界电场和自建电场进一步加强，形成在一定反向电压范围内与反向偏置电压值无关的反向饱和电流 I_0，反向饱和电流 I_0 很小。通常所称的二极管（Diode）就是指晶体二极管。

晶体二极管由半导体材料构成，半导体分 3 种类型：本征半导体，N 型半导体，P 型半导体。

1）本征半导体

严格意义上讲，本征半导体（Intrinsic Semiconductor）是完全不含杂质且无晶格缺陷的纯净半导体。但实际半导体不能绝对的纯净，所以，通常所说的本征半导体一般是指其导电能力主要由材料的本征激发决定的纯净半导体。代表性的材料有硅、锗这两种元素的单晶体结构。

硅、锗都属于四价元素，稳定的四价元素结晶体中原子形成共价键结构（图 2-20）。

（1）本征激发。在绝对零度温度下，原子核与核外电子束缚得较紧密，无自由电子产生。受到光电注入或热激发后，共价键中的电子会脱离原子核的束缚，形成自由电子。

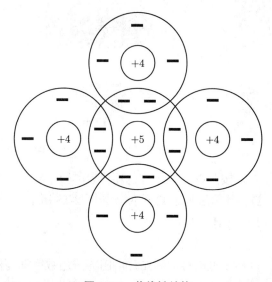

图 2-20　共价键结构

共价键中缺少一个电子后形成一个带正电的空位，称为空穴（Hole），自由电子和共价键中的空穴合称为电子－空穴对（图 2-21）。产生的电子和空穴均能自由移动，成为自由载流子（Free Carrier），它们在外电场作用下产生定向运动而形成宏观电流，分别称为电子导电和空穴导电。在本征半导体中，这两种载流子的浓度是相等的。随着温度的升高，其浓度基本上是按指数规律增长的。

（2）复合。自由电子有时候会落入空穴中，使电子－空穴对消失，这一过程称为复合。复合时产生的能量以电磁辐射（发射光子 Photon）或晶格热振动的形式释放。在一定温度下，电子－

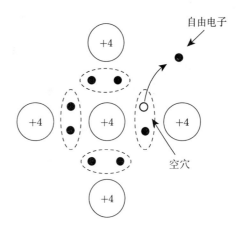

图 2-21　元素的本征激发

空穴对的产生和复合同时存在并达到动态平衡，此时本征半导体具有一定的载流子浓度，从而具有一定的电导率。加热或光照会使半导体发生热激发或光激发，从而产生更多的电子－空穴对，这时载流子浓度增加，电导率增加。半导体热敏电阻和光敏电阻等半导体器件就是根据此原理制成的。常温下本征半导体的电导率较小，载流子浓度对温度变化敏感，所以很难对半导体特性进行控制，因此实际应用不多。

本征半导体特点是：电子浓度等于空穴浓度、载流子少、电导率低、温度稳定性差。

2）P 型半导体

P 型半导体也称为空穴型半导体（图 2-22），即空穴浓度远大于自由电子浓度的杂质半导体。掺入的杂质越多，多数载流子（空穴）的浓度就越高，导电性能就越强。在纯净的硅晶体中掺入三价元素（如硼），使之取代晶格中硅原子的位置，就形成 P 型半导体。在 P 型半导体中，空穴为多数载流子，自由电子为少数载流子，主要靠空穴导电。由于 P 型半导体中正电荷量与负电荷量相等，故 P 型半导体呈电中性。空穴主要由杂质原子提供，自由电子由热激发形成。

3）N 型半导体

N 型半导体也称为电子型半导体（图 2-23），即自由电子浓度远大于空穴浓度的杂质半导体。

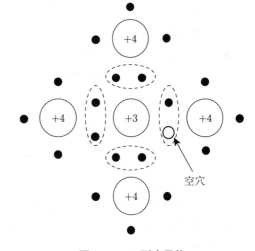

图 2-22　P 型半导体

在纯净的硅晶体中掺入 V 族元素（如磷、砷、锑等），使之取代晶格中硅原子的位置，就形成了 N 型半导体。N 型半导体中空穴为少数载流子，自由电子为少数载流子，主要靠自由电子导电，由于 N 型半导体中正电荷量与负电荷量相等，故 N 型半导体呈电中性。自由电子主要由杂质原子提供，空穴由热激发形成。掺入的杂质越多，自由电子的浓度就越高，导电性能就越强。

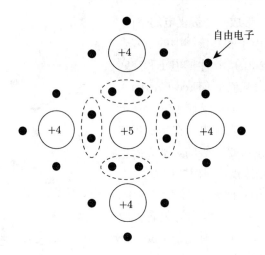

图 2-23　N 型半导体

4）PN 结的形成

在一块完整的硅片上，用不同的掺杂工艺使其一边形成 N 型半导体，另一边形成 P 型半导体，那么在两种半导体的交界面附近就形成了 PN 结。

在 P 型半导体和 N 型半导体结合后，由于 N 型区内电子很多而空穴很少，而 P 型区内空穴很多、电子很少，在它们的交界处就出现了电子和空穴的浓度差别。这样，电子和空穴都要从浓度高的地方向浓度低的地方扩散。于是，有一些电子要从 N 型区向 P 型区扩散，也有一些空穴要从 P 型区向 N 型区扩散。它们扩散的结果就使 P 区一边失去空穴，留下了带负电的杂质离子，N 区一边失去电子，留下了带正电的杂质离子。半导体中的离子不能任意移动，因此不参与导电。这些不能移动的带电粒子在 P 区和 N 区交界面附近，形成了一个很薄的空间电荷区。

在出现了空间电荷区以后，由于正负电荷之间的相互作用，在空间电荷区就形成了一个内电场，其方向是从带正电的 N 区指向带负电的 P 区。显然，这个电场的方向与载流子扩散运动的方向相反，阻止扩散。

另一方面，这个电场将使 N 区的少数载流子空穴向 P 区漂移，使 P 区的少数载流子电子向 N 区漂移，漂移运动的方向正好与扩散运动的方向相反。从 N 区漂移到 P 区的空穴补充了原来交界面上 P 区所失去的空穴，从 P 区漂移到 N 区的电子补充了原来交界面上 N 区所失去的电子，这就使空间电荷减少，内电场减弱。因此，漂移运动的结果是使空间电荷区变窄，扩散运动加强。

最后，多子的扩散和少子的漂移达到动态平衡。在 P 型半导体和 N 型半导体的结合面两侧，留下离子薄层，这个离子薄层形成的空间电荷区称为 PN 结。PN 结的内电场方向由 N 区指向 P 区。在空间电荷区，由于缺少多子，所以也称耗尽层。

5）PN 结的单向导电性

形成 PN 结的目的就是实现单向导电，其单向导电的原理可以从施加正、反向电压时的工作特征中去理解。

（1）PN 结施加正向电压时导通。PN 结施加正向电压是指电源的正极接 P 区，负极接 N 区，外电场方向与 PN 结内电场方向相反，削弱了内电场。此时外加的正向电压有一部分降落在 PN 结区，PN 结处于正向偏置，于是，内电场对多数载流子扩散运动的阻碍作用减弱，扩散电流加大。电流便从 P 型一边流向 N 型一边，空穴和电子都向界面运动，使空间电荷区变窄，电流可以顺利通过，扩散电流远大于漂移电流，可忽略漂移电流的影响，PN 结呈现低阻性，如图 2-24 所示。

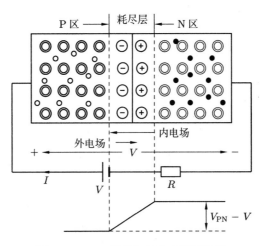

图 2-24 PN 结施加正向电压时导通

（2）PN 结施加反向电压时截止。PN 结施加反向电压是指电源的正极接 N 区，负极接 P 区，外电场方向与 PN 结内电场方向相同，加强了内电场。外加的反向电压降落在 PN 结区，使得 PN 结仍然处于反向偏置。则空穴和电子都向远离界面的方向运动，使空间电荷区变宽，电流不能流过。中成电场对多子扩散运动的阻碍增强，扩散电流大大减小。此时 PN 结区的少数载流子在内电场作用下形成的漂移电流大于扩散电流，可忽略扩散电流，PN 结呈现高阻性（图 2-25）。

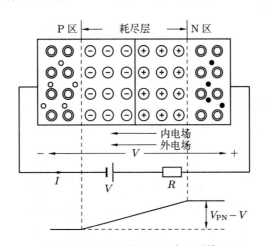

图 2-25 PN 结施加反向电压时截止

在一定温度条件下，由本征激发决定的少数载流子浓度是一定的，故少数载流子形成的漂移电流是恒定的，基本上与所施加反向电压的大小无关，这个电流也称为反向饱和电流。

PN 结施加正向电压时，呈现低电阻，具有较大的正向扩散电流；PN 结施加反向电压时，呈现高电阻，具有很小的反向漂移电流。由此可以得出结论：PN 结具有单向导电性。

（3）PN 结的伏安特性。PN 结的伏安特性（外特性）如图 2-26 曲线所示，它直观形象地表示了 PN 结的单向导电性。从图中可见 PN 结的伏安特性呈现非线性规律，当施加正向电压值达到 V_D 后，出现导通电流，这一 V_D 值就是 PN 结的门限电压。施加的正向电压值超过 V_D 后，电流值迅速增加。当 PN 结加上反向电压，只要反向电压值不超过某一数值，PN 结基本不导通。当 PN 结所施加的反向电压超过某一极限值，则开始出现穿透电流，若这一穿透电流不加限制必定会损坏 PN 结。不出现反向穿透电流的最高反向电压就是 PN 结的反向耐压。PN 结被击穿后的伏安特性比较复杂，不同的生产工艺有不同的伏安特性。

对于非线性的伏安关系，曲线表示法是最实用的描述方式。

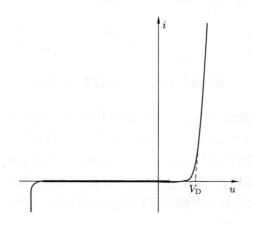

图 2-26　PN 结伏安特性曲线

二极管在电路中的伏安特性数学表达式为：

$$i_D = I_S(e^{\frac{v_D}{V_T}} - 1) \tag{2-4}$$

式中，i_D 为通过 PN 结的电流；V_D 为 PN 结两端的外加电压；V_T 为温度的电压当量［式（2-5）］；I_s 为反向饱和电流，对于分立器件，其典型值为 $10^{-14} \sim 10^{-8}$A 的范围内。集成电路中二极管 PN 结，其 I_s 值则更小。

$$V_T = \frac{kT}{q} \approx \frac{T}{11600} \approx 0.026V = 26mV \tag{2-5}$$

其中 k 为波耳兹曼常数（1.38×10^{-23}J/K）；T 为热力学温度，即绝对温度（常温下为 300K）；q 为电子电荷（1.6×10^{-19}C）。在常温下，$V_T \approx 26mV$。

当 $V_D \gg 0$，且 $V_D > V_T$ 时，

$$i_D = I_S e^{\frac{v_D}{V_T}} \tag{2-6}$$

当 $V_D < 0$，且 $V_D \gg V_T$ 时，$i_D \approx -I_S \approx 0$。

（4）PN 结的电容特性。PN 结加反向电压时，空间电荷区中的正负电荷构成一个电容性的器件。它的电容量随外加电压改变，主要有势垒电容（C_B）和扩散电容（C_D）。

势垒电容是由空间电荷区的离子薄层形成的。当外加电压使 PN 结上压降发生变化时，离子薄层的厚度也相应地随之改变，这相当 PN 结中存储的电荷量也随之变化。势垒区类似平板电容器，其交界两侧存储着数值相等极性相反的离子电荷，电荷量随外加电压而变化，称为势垒电容，用 C_B 表示，其值为：

$$C_B = -\frac{dQ}{dT} \tag{2-7}$$

在 PN 结反偏时结电阻很大，C_B 的作用不能忽视，特别是在高频时，它对电路有较大的影响。C_B 不是恒值，而是随 V 而变化，利用该特性可制作变容二极管。

PN 结有突变结和缓变结，现考虑突变结情况，PN 结相当于平板电容器，虽然外加电场会使势垒区变宽或变窄，但这个变化比较小可以忽略。

扩散电容：PN 结正向导电时，多子扩散到对方区域后，在 PN 结边界上积累，并有一定的浓度分布。积累的电荷量随外加电压的变化而变化，当 PN 结正向电压加大时，正向电流随着加大，这就要求有更多的载流子积累起来以满足电流加大的要求；而当正向电压减小时，正向电流减小，积累在 P 区的电子或 N 区的空穴就要相对减小，这样，当外加电压变化时，有载流子向 PN 结"充入"和"放出"。PN 结的扩散电容 C_D 描述了积累在 P 区的电子或 N 区的空穴随外加电压变化的电容效应。

因 PN 结正偏时，由 N 区扩散到 P 区的电子，与外电源提供的空穴相复合，形成正向电流。刚扩散过来的电子就堆积在 P 区内紧靠 PN 结的附近，形成一定的多子浓度梯度分布曲线。反之，由 P 区扩散到 N 区的空穴，在 N 区内也形成类似的浓度梯度分布曲线。扩散电容的示意图如图 2-27 所示。

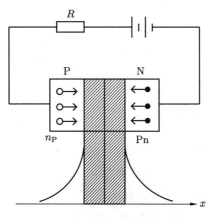

图 2-27　扩散电容示意图

C_D 是非线性电容，PN 结正偏时，C_D 较大，反偏时载流子数目很少，因此反偏时扩散电容数值很小。一般可以忽略。

PN 结电容：PN 结的总电容 C_j 为 C_B 和 C_D 两者之和（$C_j = C_B + C_D$），外加正向电压 C_D 很大，C_j 以扩散电容为主（几十皮法至几千皮法），外加反向电压 C_D 趋于零，C_j 以势垒电容为主（几皮法至几十皮法）。

势垒电容和扩散电容均是非线性电容。

6）晶体二极管的特征与应用

利用单个 PN 结特性所制作的晶体管元件称为晶体二极管，电路中的符号如图 2-28 所示，有两个电极，分别换为阳极和阴极，导通电流是从阳极流向阴极。有些资料将阳极称为正极，阴极称为负极，这一称呼在某些电路中容易给初学者造成误导，不建议采用。

图 2-28 晶体二极管符号

晶体二极管根据安装要求的不同，有许多种封装规格，如常用的带有两个引线的树脂封装形、无引线的表面贴装形等。晶体二极管的伏安特性完全等同于 PN 结的伏安特性，在此不再复述。

晶体二极管从结构上分作点接触型和面接触型两种。点接触型二极管的结电容较小但载流能力小，一般用于高频工作小电流场合。面接触型的载流能力较大，一般做整流用。

所谓整流是指将交流转换成直流，是常用的技术处理手段。二极管最基本的一个应用就是得用它的单向导电性进行整流，简单整流电路如图 2-29 所示。电路中如果输入的是极性交变的电压 v_i，其输出的只是单极性的直流电压 v_o，对应的电压变化曲线如图 2-30 所示。

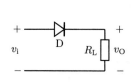

图 2-29 二极管整流电路

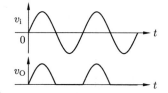

图 2-30 电压变化曲线

二极管用作整流时，一般要求输入电压远高于二极管门限电压，这样二极管门限电压所造成影响可以忽略不计，为参数计算带来方便。

图 2-31 是采用二管的钳位电路，当输入电压 V_i 可能较高时，能够将输出端口的最高电位限制在 0.6V，多用于电路状态的控制，或设置一个稳定电压值。如果要获得其他的稳定电压值，可以适当采用其他电子器件。

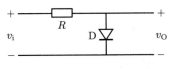

图 2-31　二极管钳位电路

7）变容二极管

PN 结反偏时，反向电流很小，近似开路，因此是一个主要由势垒电容构成的较理想的电容器件，且其增量电容值随外加电压而变化。利用该特性可制作变容二极管，变容二极管在非线性电路中应用较广泛，如压控振荡器、频率调制等。

8）稳压二极管

PN 结加反向电压时，空间电荷区变宽，区中电场增强。反向电压增大到一定程度时，反向电流将突然增大。如果外电路不能限制电流，则电流会大到将 PN 结烧毁。反向电流突然增大时的电压称击穿电压。稳压二极管的基本击穿机理有两种，即齐纳击穿（也叫隧道击穿）和雪崩击穿。前者击穿电压小于 6V，具有负的温度系数；后者击穿电压大于 6V，具有正的温度系数。

齐纳击穿：齐纳击穿通常发生在掺杂浓度很高的 PN 结内。由于掺杂浓度很高，PN 结很窄，这样即使施加较小的反向电压（5V 以下），结层中的电场却很强（可达 $2.5 \times 10^5 \text{V/m}$ 左右）。在强电场作用下，会强行将 PN 结内原子的价电子从共价键中拉出来，形成"电子 – 空穴对"，从而产生大量的载流子。它们在反向电压的作用下，形成很大的反向电流，导致了击穿。显然，齐纳击穿的物理本质是场致电离。

雪崩击穿：阻挡层中的载流子漂移速度随内部电场增强而相应加达到程度时，其动能足以把束缚在共价键中的价电子碰撞出来，产生"自由电子 – 空穴对"，新产生的载流子在强电场作用下，再去碰撞其他中性原子，又产生新的自由电子 – 空穴对，如此连锁反应，使阻挡层中的载流子数量急剧增加，像雪崩一样。雪崩击穿发生在掺杂浓度较低的 PN 结中，阻挡层宽，碰撞电离的机会较多，雪崩击穿的击穿电压高。

采取适当的掺杂工艺，使硅 PN 结的雪崩击穿电压可控制在 8 ~ 1000V。而齐纳击穿电压低于 5V。电压为 5 ~ 8V 时两种击穿可能同时发生。

击穿电压的温度特性：温度升高后，晶格振动加剧，致使载流子运动的平均自由程缩短，碰撞前动能减小，必须加大反向电压才能发生雪崩击穿，具有正的温度系数。但温度升高，共价键中的价电子能量状态高，从而齐纳击穿电压随温度升高而降低，具有负的温度系数。

PN 结一旦击穿后，尽管反向电流急剧变化，控制适当的生产工艺，就可以使得 PN 结反向击穿后端电压几乎不变，只要限制它的反向电流，PN 结就不会烧坏，利用这一特性可以制成稳压二极管。稳压二极管的伏安特性如图 2-32 所示，电路符号如图 2-33 所示。

决定稳压二极管特性的主要参数有：稳压值 V_Z、最小稳压电流 I_{Zmin}、最大稳压电流 I_{Zmax}。稳压值 V_Z 在 6V 附近的稳压二极管具有较好的温度特性，稳压值 $V_Z > 7V$ 的具有正温度系数，稳压值 $V_Z < 6V$ 的具有负的温度系数。

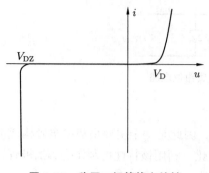

图 2-32　稳压二极管伏安特性

图 2-33　稳压二极管符号

稳压二极管主要用于稳压，为电路提供一个工作电流不是很大的稳压值，如图 2-34 所示。可根据具体的稳定电压值选择参数适当的二极管种类。

图 2-34　并联型稳压电路

并联型稳压电路设计中要注意几个问题：一是输入电压 V_i 必须高于输出电压 V_o，二是必须要加入限流电阻 R。限流电阻值必须满足下列关系式：

$$\frac{V_i - V_o}{I_{Z\min}} > R > \frac{V_i - V_o}{I_{Z\max}} \tag{2-8}$$

9）发光二极管

发光二极管简称 LED，是半导体二极管的一种，可以把电能转化成光能。发光二极管与普通二极管一样是由一个 PN 结组成，也具有单向导电性。当给发光二极管加上正向电压后，从 P 区注入 N 区的空穴和由 N 区注入 P 区的电子，在 PN 结附近数微米内分别与 N 区的电子和 P 区的空穴复合，产生自发辐射的荧光。不同的半导体材料中电子和空穴所处的能量状态不同。当电子和空穴复合时释放出的能量多少不同，释放出的能量越多，则发出的光的波长越短。常用的是发红光、绿光或黄光的二极管。

发光二极管由镓（Ga）、砷（As）、磷（P）、氮（N）、铟（In）的化合物制成的二极管，当电子与空穴复合时能辐射出可见光，因而可以用来制成发光二极管。在电路及仪器中作为指示灯，或者组成文字或数字显示。磷砷化镓二极管发红光，磷化镓二极管发绿光，碳化硅二极管发黄光，铟镓氮二极管发蓝光。

发光二极管的反向击穿电压比较低，约为 12V。它的正向伏安特性曲线很陡，使用时必须串联限流电阻以控制通过管子的电流。限流电阻 R 可用式（2-9）计算：

$$R = (E - V_F)/I_F \tag{2-9}$$

式中，E 为电源电压；V_F 为 LED 的正向压降；I_F 为 LED 的一般工作电流。

发光二极管的基本结构是一块电致发光的半导体材料，置于一个有引线的架子上，然后四周用环氧树脂密封，起到保护内部芯线的作用，所以 LED 的抗震性能好，如图 2-35 所示，其电路符号如图 2-36 所示。

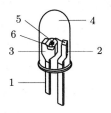

图 2-35　发光二极管结构

1—引线架；2—阳极杆；3—楔形支架；4—透明环氧树脂封装；5—LED 芯片；6—阴极发射碗

图 2-36　发光二极电路符号

目前，发光二极发展很快，除了用二极管做指示灯外，大功率发光二极管在日常照明中也迅速得到推广。

2.2.2　肖特基势垒二极管

肖特基二极管是因其发明人肖特基博士（Dr. Schottky）得名的，SBD 是肖特基势垒二极管（Schottky Barrier Diode）的缩写。肖特基势垒二极管 SBD 是近年来问世的低功耗、大电流、超高速半导体器件。其反向恢复时间极短（几纳秒），正向导通压降仅 0.4V 左右，而整流电流却可达到几千安。这些优良特性是其他二极管所无法比拟。

1）肖特基二极管基本工作原理

以铝、钼等为阳极 A，以 N 型半导体为阴极 B，利用二者接触面上形成的势垒具有整流特性而制成的金属 – 半导体器件。因为 N 型半导体中存在着大量的电子，贵金属中仅有极少量的自由电子，所以电子便从浓度高的 B 中向浓度低的 A 中扩散。显然，金属 A 中没有空穴，也就不存在空穴自 A 向 B 的扩散运动。随着电子不断从 B 扩散到 A，B 表面电子浓度逐渐降低，表面电中性被破坏，于是就形成势垒，其电场方向为 B → A。但在该电场作用之下，A 中的电子也会产生从 A → B 的漂移运动，从而削弱了由于扩散运动而形成的电场。当建立起一定宽度的空间电荷区后，电场引起的电子漂移运动和浓度不同引起的电子扩散运动达到相对的平衡，便形成了肖特基势垒。

综上所述，肖特基整流管的结构原理与 PN 结整流管有很大的区别，通常将 PN 结整流管称作结整流管，而把金属 – 半导体整流管叫作肖特基整流管，近年来，采用硅平面工艺制造的铝硅肖特基二极管也已普及，这不仅可节省贵金属，大幅度降低成本，还改善了参数的一致性。肖特基整流管仅用一种载流子（电子）输送电荷，在势垒外侧无过剩少数载流子的积累，因此，不存在电荷储存问题，使开关特性获得显著改善。其反向恢复时间已能缩短到 10ns 以内。但它的反向耐压值较低，一般不超过 200V。

2）肖特基二极管的结构

肖特基二极管内部是由阳极金属（用钼或铝等材料制成的阻挡层）、二氧化硅（SiO_2）电场消除材料、N^- 外延层（砷材料）、N 型硅基片、N^+ 阴极层及阴极金属等构成，如图 2-37 所示。在 N 型基片和阳极金属之间形成肖特基势垒。当在肖特基势垒两端加上正向偏压（阳极金属接电源正极，N 型基片接电源负极）时，肖特基势垒层变窄，其内阻变小；反之，若在肖特基势垒两端加上反向偏压时，肖特基势垒层则变宽，其内阻变大。另外的一种 SiC 肖特基势垒二极管是用采 SiC 做阴极层，可以得到较高的反向阻断电压。

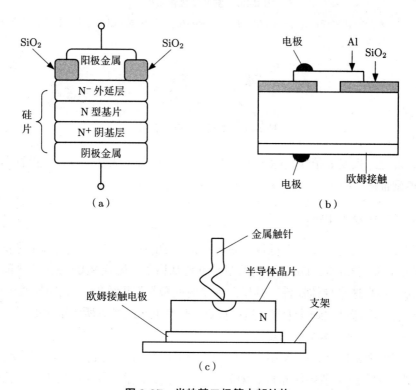

图 2-37 肖特基二极管内部结构

欧姆接触的结构类似于肖特基结构，但不具有整流特性。要使得金属－半导体接面成为欧姆接触，要求半导体杂质浓度不小于 $10^{19}/cm^3$ 数量级。

肖特基二极管分为有引线和表面安装（贴片式）两种封装形式，其符号如图 2-38 所示。

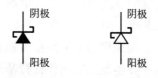

图 2-38 肖特基二极管符号

3）肖特基二极管的应用

因肖特基二极管压降低、反向恢复时间已能缩短这些特点，能提高低压、大电流整流（或续流）电路的效率，广泛应用于开关电源、变频器、驱动器等电路，作高频、低压、大电流整流二极管、续流二极管、保护二极管使用，或在微波通信等电路中作整流二极管、小信号检波二极管使用。

肖特基二极管电压明显低于硅二极管，普通肖特基二极管的导通电压 0.15 ～ 0.4V，碳化硅肖特基二极管的导通电压约为 0.7V。从导通电压上就可以判别是属于哪一类肖特基二极管。

2.2.3　二极管极性与类别的检测

利用数字式万用表可以鉴别晶体二极管极性和类型（图 2-39）。

数字式万用表有专门测量二极管的挡位 "➤⊢"，不仅可以二极管的鉴别极性，还可根据显示二极管的导通电压值，从中判定二极管的类别。数字式万用表的红表棒为正极性，黑表棒为负极性。将万用表的表棒接触二极管的两个电极，当显示屏显示为 "1" 或 "OL" 字符时，说明不导通，红表棒所接的是二极管的阴极（负极），黑表棒所接的是二极管的阳极（正极）；若交换两个表棒，即红表棒接的是二极管的阳极（正极），黑表棒接的是二极管的阴极（负极），则显示二极管的正向导通电压。正向导通电压在 0.2V 附近的是锗二极管或者是肖特基二极管，正向导通电压在 0.6V 左右的是硅二极管，若正向导通电压为 0.7V 的则是稳压二极管，正向导通电压约为 1.0V 的是红外发光二极管，而红绿色发光二极管的正向导通电压约为 1.7V，对于白色发光二极管因其导通电压在 2.5V 以上，不宜用数字万用表进行极性鉴别。

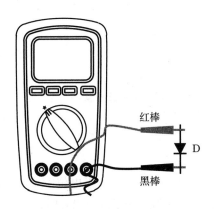

图 2-39　用万用表测量晶体二极管

若要全面测试二极管的特性，应当采用专用晶体管特性测试仪。

2.3　晶体三极管

晶体三极管就是通常所称的三极管，也称双极型晶体管（Bipolar Junction Transistor，BJT），是一种电流控制电流的半导体器件。晶体三极管（以下简称三极管）是半导体基本元器件之一，通常是电子电路的核心元件。因其有电流放大作用，可以将微弱信号放大成辐值较大的电信号，也有用作无触点开关的。

2.3.1 晶体三极管结构

三极管是在一块半导体基片上制作两个相距很近的 PN 结，两个 PN 结把整块半导体分成 3 部分，中间部分是基区，两侧部分是发射区和集电区，排列方式有 PNP 和 NPN 两种。三极管按材料分有两种：锗管和硅管。而每一种又有 NPN 和 PNP 两种结构形式，但使用最多的是硅 NPN 和锗 PNP 两种三极管。

NPN 晶体三极管是由 2 块 N 型半导体中间夹着一块 P 型半导体所组成，发射区与基区之间形成的 PN 结称为发射结，而集电区与基区形成的 PN 结称为集电结，三条引线分别称为发射极 e（emitter）、基极 b（base）和集电极 c（collector），其结构与符号如图 2-40（a）所示。对于 PNP 晶体三极管，它是由两块 P 型半导体中间夹着一块 N 型半导体所组成，其结构与符号如图 2-40（b）所示。

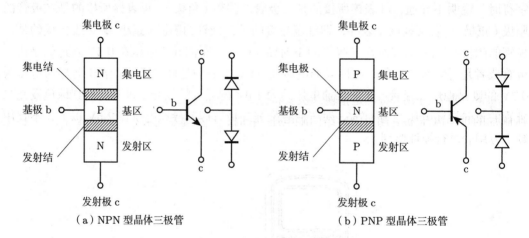

（a）NPN 型晶体三极管　　　　　　　　　（b）PNP 型晶体三极管

图 2-40　晶体三极管结构与符号

2.3.2 三极管电流放大原理

以 NPN 硅管为例，当 b 极电位 V_B 高于 e 极电位 V_E 一个 PN 结导通电压时，发射结处于正偏导通状态，而 c 极电位 V_C 高于 b 极电位 V_B 时，集电结处于反偏状态。

在制造三极管时，有目的地使发射区的多数载流子浓度大于基区的，同时基区做得很薄，而且，要严格控制杂质含量。这样，一旦接通电源后，由于发射结正偏，发射区的多数载流子（电子）及基的多数载流子（空穴）很容易地越过发射结互相向对方扩散，但因前者的浓度基大于后者，所以通过发射结的电流基本上是电子流，这股电子流称为发射极电流 I_E。由于基区很薄，加上集电结的反偏，注入基区的电子大部分以漂移形式越过集电结进入集电区而形成集电极电流 I_C，只剩下很少（1% 左右）的电子在基区的空穴进行复合，被复合掉的基区空穴由基极电源 E_B 重新补给，从而形成了基极电流 I_B。根据电流连续性原理得：

$$I_\mathrm{E} = I_\mathrm{B} + I_\mathrm{C} \qquad (2\text{-}10)$$

这就是说，在基极补充一个很小的 I_B，就可以在集电极上得到一个较大的 I_C，这就是所谓电流放大作用，在集电极与发射极电压固定在某一个确定值时，I_C 与 I_B 维持一定的比例关系，即：

$$\beta_0 = \frac{I_\mathrm{C} - I_\mathrm{CEO}}{I_\mathrm{B}}|_{\Delta V_\mathrm{CE}=0} \approx \frac{I_\mathrm{C}}{I_\mathrm{B}}|_{\Delta V_\mathrm{CE}=0} \qquad (2\text{-}11)$$

式中，β_0 称为直流放大倍数；I_CEO 是三极管集电极 – 发射极反向饱和电流，即基极开路时集电区穿过基区流向发射区的反向饱和电流；ΔV_CE 是集射间电压的变化量。在集电极与发射极电压固定在某一个确定值时，集电极电流的变化量 ΔI_C 与基极电流的变化量 ΔI_B 之比为：

$$\beta = \frac{\Delta I_\mathrm{C}}{\Delta I_\mathrm{B}}|_{\Delta V_\mathrm{CE}=0} \qquad (2\text{-}12)$$

式中，β 称为交流电流放大倍数，由于低频时 β_0 和 β 的数值相差不大，所以有时为了方便起见，对两者不作严格区分，β 值约为几十至几百。

1）三极管的输入特性

通常三极管的输入特性是指输入伏安特性，它类似于二极管的伏安特性，基本规律是所施加的正向电压 v_BE 超过 PN 结门限电压 V_B 时，产生基极电流 i_B。所不同的是三极管基极的门电压随 V_CE 电压的加入而增大，大于二极管的门电压 0.6V，对于硅管约为 0.7V。其特性曲线如图 2-41 所示。正向输入特性的函数表达式为：

$$i_\mathrm{B} = I_\mathrm{B0}\left(\mathrm{e}^{\frac{v_\mathrm{B}}{V_\mathrm{T}}} - 1\right) \qquad (2\text{-}13)$$

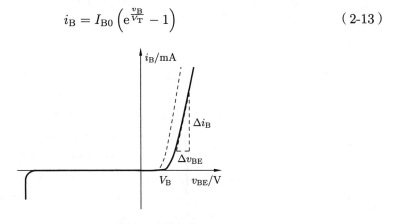

图 2-41　三极管输入特性曲线

2）三极管的交流输入电阻

$$r_\mathrm{be} = \frac{\Delta v_\mathrm{BE}}{\Delta i_\mathrm{B}} = r_\mathrm{bb} + (1 + \beta)\frac{26\mathrm{mV}}{I_\mathrm{E}} \qquad (2\text{-}14)$$

式中，I_E 是三极管发射极静态电流；r_{bb} 是基区半导体电阻，不同三极管取值不等，一般可以取为 200Ω。

若给三极管的发射结施加反向电压，当反向电压不高时，发射结反向截止，无电流产生；当反向电压达到极限值，发射结将被反向击穿。多数小功率三极管发射结的反向耐压为 6 ~ 7V，也有少量三极管的发射结反向耐压达到 9 ~ 10V，甚至更高。

3）三极管的输出特性

通常三极管的输出特性是指输出伏安特性，即 v_{CE} 与 i_C 的关系。但三极管的集电极电流还受基极电流控制，三极管的输出特性存在两个变量 v_{CE} 和 i_B，输出特性曲线不是一条，而是多条曲线组成的曲线族，如图 2-42 所示。取图中的一条曲线来看，其特征是从坐标原点开始，随着 v_{CE} 增大起始 i_C 急剧增加，达到一定值后 i_C 基本恒定。说明当 v_{CE} 较低时，i_C 受 v_{CE} 控制，v_{CE} 高至一定程度，i_C 被 i_B 所控制，与 v_{CE} 基本无关，当达到最高承受电压 V_{CEO} 时，i_C 急剧增加，并失去控制。将 i_C 失去被 i_B 控制时最高 v_{CE} 电压称为饱和电压降 V_{CES}。依此特征，输出特性坐标中可以分作 4 个区：$i_C > 0$ 同时 $v_{CE} < V_{CES}$ 的为饱和区，饱和区靠近纵坐标；$i_C > 0$、$v_{CE} > V_{CES}$、$v_{CE} < V_{CEO}$ 的为放大区；$v_{CE} > V_{CEO}$ 的为击穿区；还有坐标中无法体现出来的一个截止区，此时 $i_C = i_B = 0$。其中饱和区、放大区、截止区均为正常工作区域，唯独不能让三极管进入击穿区，否则会损坏三极管元件。

在放大区中，三极管具有电流放大能力，其关系可以描述为：

$$\beta = \frac{\Delta I_C}{\Delta I_B}|_{V_{CE}=定值} \tag{2-15}$$

三极管的输出特性曲线比较全面地反映了三极管的主要特性，如三极管的饱和压降 V_{CES}，三极管的电流放大倍数 β，三极管的集电极耐压值 V_{CEO}，三极管集电极的漏电阻 R_C 等。

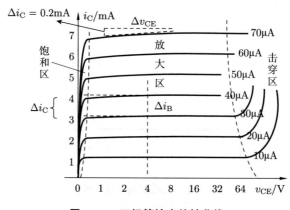

图 2-42 三极管输出特性曲线

从输出特性曲线上确定电流放大倍数 β：

$$\beta = \frac{\Delta I_{\mathrm{C}}}{\Delta I_{\mathrm{B}}}\bigg|_{V_{\mathrm{CE}}=4\mathrm{V}} = \frac{1\mathrm{mA}}{10\mu\mathrm{A}}\bigg|_{V_{\mathrm{CE}}=4\mathrm{V}} = 100|_{V_{\mathrm{CE}}=4\mathrm{V}}$$

从输出特性曲线上确定集电极漏电阻 R_{C}：

$$R_{\mathrm{C}} = \frac{\Delta V_{\mathrm{CE}}}{\Delta I_{\mathrm{C}}}\bigg|_{I_{\mathrm{B}}=7\mathrm{mA}} = \frac{7\mathrm{V}}{0.2\mathrm{mA}}\bigg|_{I_{\mathrm{B}}=7\mathrm{mA}} = 35\mathrm{k}\Omega|_{I_{\mathrm{B}}=7\mathrm{mA}}$$

三极管集电极漏电阻大小从输出特性曲线的平坦度上反映，曲线越平坦，漏电阻就越大。目前正常的三极管集电极漏电阻都在 $100\mathrm{k}\Omega$ 以上。

电流放大倍数 β 不是一个恒定量，它要随集电极电流 I_{C} 改变而变化。大多数三极管的 β 值与 I_{C} 关系曲线如图 2-43 所示，但也有少量三极管的 β 值基本不随 I_{C} 变化而改变，接近恒定值，如 SC9011、2SC2655、2SA1020 三极管等，主要用于音响系统。

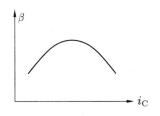

图 2-43　β 值与 I_{C} 关系曲线

电流放大倍数 β 的温度敏感性强，温度稳定性差，一般规律是随温度升高而增大，是造成三极管电路热稳定性差的最主要原因。

根据晶体三极管的 3 个正常工作区域，三极管存在以下 3 种工作状态。

①截止状态：当加在三极管发射结的电压小于 PN 结的导通电压，基极电流为零，集电极电流和发射极电流都为零，三极管这时失去了电流放大作用，集电极和发射极之间相当于开关的断开状态，我们称三极管处于截止状态。

②放大状态：当加在三极管发射结的电压大于 PN 结的导通电压，并处于某一恰当的值时，三极管的发射结正向偏置，集电结反向偏置，这时基极电流对集电极电流起着控制作用，使三极管具有电流放大作用，其电流放大倍数 $\beta = \Delta I_{\mathrm{C}}/\Delta I_{\mathrm{B}}$，这时三极管处于放大状态。

③饱和导通状态：当加在三极管发射结的电压大于 PN 结的导通电压，并当基极电流增大到一定程度时，集电极电流不再随着基极电流的增大而增大，而是处于某一定值附近不怎么变化，这时三极管失去电流放大作用，集电极与发射极之间的电压较小，集电极和发射极之间相当于开关的导通状态。三极管的这种状态我们称之为饱和导通状态。

2.3.3　三极管应用

三极管是一种电流放大器件，但在实际使用中常常利用三极管的电流放大作用，再通过电阻转变为电压放大作用。电压放大问题将在 3.1.1 节三极管放大电路部分详细讨论。

1）三极管的电流控制作用

如图 2-44 所示用三极管 Q_1 控制发光二极 D_1 的亮度，通过发光二极管的电流越大，发光二极管的亮度就越高。这一电路能够用比较小的电流去控制较大的电流。电路中的电阻 R_3 只是起到保护发光二极管的作用，当三极管集电极输出电流能力大于发光二极所能够承受的电流时，电阻 R_3 能够对发光二极管电流加以限制。

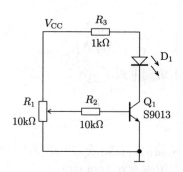

图 2-44　发光二极亮度控制电路

2）三极管的电流开关作用

如图 2-45 所示用三极管 Q_2 控制继电器 JK_1 的导通与断开，这一电路的好处是用微小电流控制了大电流器件的通断。三极管的电流控制关系是 $I_C = \beta I_B$。当集电极电流被集电极负载所限制，实际 $I_C < \beta I_B$ 时，即实际集电极电流小于被控制电流，三极管处于饱和状态，相当于完全导通；当 $I_B = 0$ 时，集电极有电压却无电流，三极管处于截止状态，集电极负载得不到工作电压，相当于负载回路被关闭。这一种状态变化就体现出了三极管的开关作用，可用来执行开关动作。

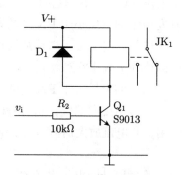

图 2-45　继电器控制电路

3）选用三极管需考虑的主要参数

选用三极管时通常要根据实际使用需要，明确以下参数：集电极 – 发射极反向击穿电压 V_{CEO}、最大允许耗散功率 P_{CM}、电流放大倍数 h_{FE}、特征频率 f_T、器件封装形式。特征频率 f_T 是表征三极管频率响应能力的参数。随着工作频率的增高，三极管的电流放大倍数将会下降，当 $f = f_T$ 时，三极管的电流放大倍数为 1，已经没有电流放大作用。器件封装形式是指某一晶体管的外观形状，如果封装不符合要求，则器件无法在电路板上正确安装。

2.3.4　判断三极管的类型和三极管的脚位

常用三极管的引脚排列具有一定规律，可以查找相关晶体管使用手册，明确三极管引脚的功能及其他技术参数。若手边没有资料可查，也可以采用万用表进行简单判断三极管的脚位。

三极管的脚位有两种封装排列形式，如图 2-46 所示。尽管封装结构不同，同一型号的晶体管具有基本相同的参数指标，具有相同的功能，不同的封装结构可满足电路设计中需要。

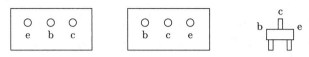

图 2-46　三极管脚位排列顺序

三极管内部有两个对称排列的 PN 结，都同样具有 PN 结的单向导电性；当处于导通时有明显的电阻、电压数据。依据这两个特征可以对三极管的脚位和三极管的类型进行判别。

1）指针式万用表判断法

指针式万用表的电阻测量挡内带电池，其红笔为负，黑笔为正极。测试时将测试挡位切换至电阻挡。

首先判断三极管的基极。三极管的结构特征是以基极为对称的两个 PN 结。先假设三极管的某极为"基极"，将黑表笔接在假设基极上，再将红表笔依次接到其余两个电极上，若两次测得的电阻都在 kΩ 数量级，对换表笔重复上述测量，若测得两个阻值都很大，则可确定假设的基极是正确的，否则，另假设一极为"基极"，重复上述测试，用来确定基极，如图 2-47 所示。

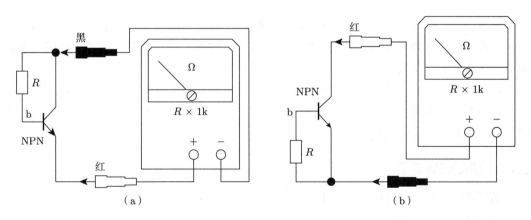

图 2-47　鉴别三极管集电极与发射极

在判断三极管的基极的时候，若黑表笔接在基极上获得几个 kΩ 数量级的电阻值，则说明该三极管是 NPN 型。反之，红表笔接在基极上获得几个 kΩ 数量级的电阻值，说明该三极管是 PNN 型。

当基极确定后，把黑表笔接至假设的集电极 c，红表笔接到假设的发射极 e，并用手捏住 b 和 c 极，读出表头所示的电阻值，然后将红、黑表笔反接重测。若第一次电阻比第二次小，说明原假设成立。

2）数字万用表判断法

数字万用表的红笔为正，黑笔为负极。先判断出三极管基极。测试时将测试挡位切换至二极管挡（蜂鸣挡）。这一挡位具有 1mA 的恒定电流，显示的数值一般是以 mV 为单位的电压值。

先假设三极管的某极为"基极"，将红表笔接在假设基极上，再将黑表笔依次接到其余两个电极上，若两次测得的电压降为 0.7V，对换表笔重复上述测量，若显示的电压降为超量程，则可确定假设的基极是正确的，否则，另假设一极为"基极"，重复上述测试，以确定基极。

判断集电极 c 和发射极 e。多数数字万用表有测试三极管 β 值的专用位置，其脚位排列如图 2-48 所示。在确定基极和类型后，再假设某一极为集电极，插入对应孔中，查看万用表显示的数值，小功率管数值在 50 以上的说明原假设成立。若数值在 50 以下，则应更换一个集电极再进行测试，以数值大的脚位为准。

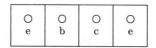

图 2-48　数字万用表上三极管测试脚位排列图

2.4　场效应管

场效应管（Field Effect Transistor，FET），是利用电场效应来控制导电区域截面大小从而控制输出回路电流的一种半导体器件，并以此命名。场效应管仅靠半导体中的多数载流子导电，又称单极型晶体管。

目前的场效应管有结型场效应管（JFET）、绝缘栅场效应管（MOSFET）两类。结型场效应管均为小功率器件，大功率器件均采用绝缘栅结构，其中 V 型槽绝缘栅场效应管（VMOSFET）的工作电流最大。

2.4.1　结型场效应管

结型场效应管是通过电场改变 PN 结耗尽区大小来对电流控制的器件。

1）结型场效应管结构

结型场效应管（Junction Field Effect Transistor，JFET）由一块半导体的两侧做成异型半导体，中间留出很窄的导电区域构成，即在 N 型半导体的两侧做成 P 型半导体，如图 2-49 所示；或在 P 型半导体的两侧做成 N 型半导体，如图 2-50 所示。因此，结型场效应管有两种：N 沟道结型场效应管和 P 沟道结型场效应管。图 2-49 是 N 沟道结型场效应管结构，图 2-50 是 P 沟道结型场效应管结构，图 2-51 是它们的电路符号。

结型场效应管也分作 3 个电极：栅极（Gate，G）、漏极（Drain，D）、源极（Sorce，S）。电路符号中栅极的箭头方向可理解为两个 PN 结的正向导电方向。

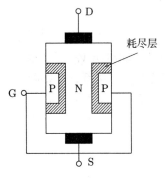

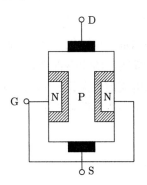

图 2-49 N 沟道结型场效应管　　　　图 2-50 P 沟道结型场效应管

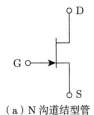

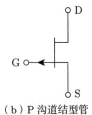

（a）N 沟道结型管　　　　　（b）P 沟道结型管

图 2-51 结型场效应管电路符号

2）N 沟道结型场效应管工作原理

由于 PN 结中的载流子已经耗尽，故 PN 基本上是不导电的，形成了所谓耗尽区，当漏极电源电压 V_D 一定时，如果栅极电压负值变大，PN 结交界面所形成的耗尽区就越厚，则漏极、源极之间导电的沟道越窄，漏极电流 I_D 就变小；反之，如果栅极电压负值变小，则沟道变宽，I_D 变大，因此用栅极电压 V_G 可以控制漏极电流 I_D 的变化，就是说，场效应管是电压控制元件。

V_{GS} 影响耗尽层宽度的变化。在 $V_{GS}=0$ 的非饱和区域，根据漏极 – 源极间所加 V_{DS} 的电场，源极区域的某些电子被漏极拉去，开成宽窄不同的导电沟，从栅极向漏极扩展的过渡层将沟道的一部分构成堵塞型，I_D 饱和。这种状态称为预夹断，如图 5-52 所示。过渡层阻挡沟道并不是电流被切断，从漏极向源极有电流 I_D 流动。出现预夹断时的 V_{DS} 电压用 V_P 表示，即预夹断条件为：

$$V_{DS} = V_P - V_{GS} \tag{2-16}$$

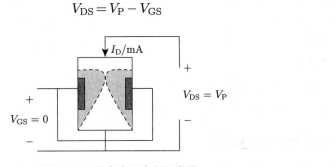

图 2-52 导电沟预夹断示意图

3）结型场效应管的工作特性

这里仅介绍最主要的转移特性和输出特性，其他特性指标可以参考器件资料。

（1）转移特性。场效应管是一种压控器件，由栅源间电压V_{GS}控制漏极电流I_D，它不同于三极管的电流放大关系，其输入输出关系只能称为跨导关系，关系曲线如图2-53所示。用g_m表示跨导，它表示输入电压对输出电流的控制能力。关系式为：

$$I_D = g_m(V_P - V_{GS})^2 \mid_{V_{DS}=常数} \tag{2-17}$$

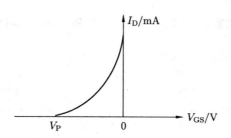

图2-53　N沟道场效应管跨导特性曲线

（2）输出特性。结型场效应管是一种压控器件，由栅源间电压V_{GS}控制漏极电流I_D。栅源间施加PN结的反向偏置电压，基本无栅极电流，因而不必讨论其输入特性。结型场效应管的输出特性如图2-54中的曲线所示，也是需要由一组曲线来描述。

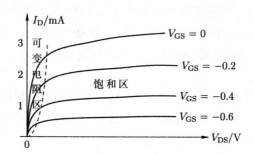

图2-54　N沟道场效应管输出特性曲线

结型场效应管的输出特性图中也有3个可用区域，但名称与三极管特性图不同，分别称为可变电阻区、饱和区、截止区。可变电阻区位于虚线的左侧，对应三极管的饱和区；而三极管的放大区对应场效应管的饱和区，是场效应管用于线性控制的区域；截止区位于下侧，图2-54中没有体现。

结型场效应管无一例外均为耗尽型，即未施加栅源控制电压时已经处于导通状态，只有施加了栅源控制电压后才可能进入截止状态。

2.4.2　绝缘栅型场效应管

绝缘栅型场效应管又称金属氧化物半导体场效应晶体管MOSFET（Metal Oxide Semiconductor Field Effect Transistor)，或者简称为 MOS 管，是通过静电场吸引或排斥载流子的方式来对电流控制的器件。

1）绝缘栅型场效应管结构

绝缘栅型场效应在半导体衬底上制作了 3 个电极，即源极 S、漏极 D、栅极 G，源极与漏极所连接的区域相对于衬底半导体为异型半导体区，如 P 型半导体衬底上做出 2 个 N 型半导体区域，分别引出源极和漏极，N 型半导体衬底上做出 2 个 P 型半导体区域，分别引出源极和漏极；栅极置于源极与漏极之间并与衬底相隔一层绝缘体，如图 2-55 所示。

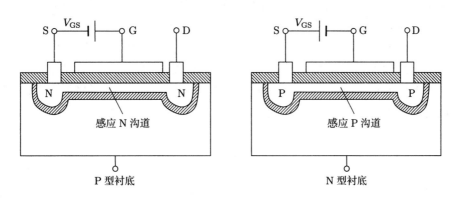

图 2-55　增强型 MOS 场效应管结构

绝缘栅场效应管有两种导电形式，分别是 N 沟道型和 P 沟道型。每一种导电沟道又分为增强型和耗尽型两种：当栅压为零，漏极电流也为零，必须再加一定的栅压之后才有漏极电流的称为增强型；当栅压为零时有较大漏极电流，通过施加一定栅源电压才能使得漏极电流降为零的称为耗尽型。

绝缘栅型场效应管的电路符号如图 2-56 所示，图中的箭头指向同晶体管符号一样，都是从 P 型半导体指向 N 型半导体，图 2-56（a）是 N 沟道增强型场效应管电路符号，图 2-56（b）是 N 沟道增强型场效应管电路符号，图 2-56（c）是 N 沟道增强型场效应管电路符号，图 2-56（d）是 N 沟道增强型场效应管电路符号。

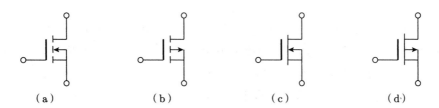

（a）　　　　　（b）　　　　　（c）　　　　　（d）

图 2-56　绝缘栅场效应管电路图符号

2）绝缘栅场效应管的工作原理

实际绝缘栅场效应管的源极与衬底已经连接在一起，并利用 V_{GS} 来控制"感应电荷"的多少，以改变由这些"感应电荷"形成的导电沟道的状况，然后达到控制漏极电流的目的。

无导电沟道时，虽然衬底是半导体材料，但两个异型区与衬底之间所形成的 PN 结互为反向，无论在源极、漏极之间施加哪一个极性的电压 V_{GS}，均总有一个 PN 结是截止的，所以漏极、源之间不能导通，漏极电流 I_D 为零（不考虑微量漏电电流 I_{DSS}）。

导电沟道的形成：在栅极上聚集电荷，吸收衬底中的少数载流子。以 P 型衬底的场效应管为例，工作时栅极接控制电压正极，源极接负极，电压达到某一数值以上就可以吸引少数载流子（自由电子）聚集在绝缘层附近，形成导电沟道。当栅极电压改变时，沟道内被感应的电荷量也改变，导电沟道的宽窄也随之而变，因而漏极电流 I_D 随着栅极电压的变化而变化。这一类场效应管就是 N 沟道增强型场效应管。之所以要采用衬底中的少数载流子形成导电沟道，是为了消除漏源极与衬底之间的 PN 结。

导电沟的预夹断：施加栅极电压造就了导电的条件，漏极电流 I_D 是在 V_{DS} 作用下产生的，但并不会随 V_{DS} 增高而一直增大，当 V_{DS} 增高到一定值时，I_D 基本恒定不变。这是因为施加 V_{DS} 并产生电流 I_D 后，导电沟道结构发生变化，形成了楔形沟道，如图 2-57 所示，使得漏极附近的导电沟变薄，直至接近夹断，进入到一种平衡状态，称为预夹断。预夹断的临界条件为：

$$V_{DS} = V_{GS} - V_T \qquad (2-18)$$

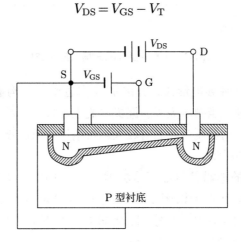

图 2-57　导电沟预夹断

耗尽型场效应管是在栅极与衬底之间预存吸收少数载流子的电荷。如 N 沟道耗尽型场效应管在制造时，通过适当工艺使绝缘层中存放大量正离子，并封闭起来，故在交界面的另一侧能感应出较多的负电荷，这些负电荷把高渗杂质的两个 N 区接通，形成了导电沟道，即使在 $V_{GS}=0$ 时也有较大的漏极电流 I_D。若要使得漏极电流 I_D 降为零，V_{GS} 必须加上足够的负电压。

3）绝缘栅型场效应管的工作特性

由于绝缘栅型场效应管和栅源极之间是绝缘结构，在静态下栅极电流为零，因此讨论其输入伏安特性无实际意义，这里只描述跨导特性、输出特性两个主要指标。

（1）跨导特性。如同结型场效应管一样，由栅源间电压 V_{GS} 控制漏极电流 I_D，控制能力用跨导 g_m 决定。四类场效应管的输入输出函数式均用式（2-19）描述，适用于

$V_{\mathrm{GS}} > V_{\mathrm{T}}$ 时。跨导特性曲线如图 2-59 所示，曲线形态接近于抛物线。

$$I_{\mathrm{D}} = g_{\mathrm{m}}(V_{\mathrm{GS}} - V_{\mathrm{T}})^2 \mid_{V_{\mathrm{DS}}=\text{常数}} \tag{2-19}$$

增强型场效应管存在某一开启电压 V_{T}，耗尽型场效应管存在某一夹断电压 V_{P}，不同型号场效应管的开启电压和夹断电压不同，小功率绝缘栅场效应管的 V_{T} 和 V_{P} 值为 $0.5 \sim 2.0\mathrm{V}$，大功率绝缘栅场效应管的 V_{T} 和 V_{P} 值为 $3.0 \sim 4.0\mathrm{V}$。

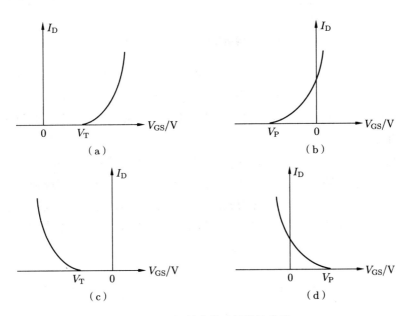

图 2-58　场效应管跨导特性曲线

图 2-58（a）是 N 沟道增强型场效应管跨导特性曲线，特点是开启电压 V_{T} 为正值，V_{GS} 越大，导电能力越强；图 2-58（b）是 N 沟道耗尽场效应管跨导特性曲线，特点是夹断电压 V_{P} 为负值，V_{GS} 负值越大，导电能力越弱；图 2-58（c）是 P 沟道增强型场效应管跨导特性曲线，特点是开启电压 V_{T} 为负值，负值 V_{GS} 越大，导电能力越强；图 2-58（d）是 P 沟道耗尽场效应管跨导特性曲线，特点是夹断电压 V_{P} 为正值，正值 V_{GS} 越大，导电能力越弱。

（2）输出特性。场效应管的输出特性通过给定某一 V_{GS} 时，漏极电流 I_{D} 与 V_{DS} 的关系曲线反映出来。N 沟道场效应管输出特性可用图 2-59 中的曲线族描述。输出特性曲线中显示出许多特点，但无法展示截止时的状态。输出特性曲线图中存在 3 个可用区域：可变电阻区、饱和区、截止区。截止区是 $V_{\mathrm{GS}} < V_{\mathrm{T}}$ 且 $I_{\mathrm{D}} = 0$ 时区域，是一个存在的状态，图中没有表示。

可变电阻区是指 $V_{\mathrm{DS}} < (V_{\mathrm{GS}} - V_{\mathrm{T}})$ 的区域，即图中虚线以左的区域。这一区域中导电沟道还没有被夹断，漏极电流 I_{D} 随 V_{DS} 增高而线性增大，表现为电阻特性，可变电阻区名称也因此而得名。在可变电阻区中，电阻值 R_{DS} 大小由 V_{GS} 决定，此时场效应管就成为了一个压控可变电阻，常用于信号自动衰减电路中。

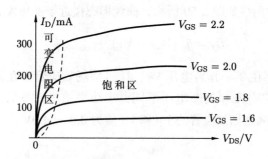

图 2-59　N 沟道场效应管输出特性曲线

饱和区是指 $V_{DS} > (V_{GS} - V_T)$ 的区域，即图中虚线以右的区域。这一区域中导电沟道被夹断，漏极电流 I_D 已经处于饱和状态，表现为恒流特性。在饱和区中，电漏极电流 I_D 大小由 V_{GS} 决定，此时场效应管就表现为压控电流功能，常用于信号放大电路中。

　4）绝缘栅型场效应管应用

　利用 MOS 场效应管的可变电阻特性，用于信号压控衰减网络：当 $V_{DS} < (V_{GS} - V_T)$ 时，场效应管表现为压控电阻特性，由此可以构成压控衰减网络，从而实现信号幅度的自动控制。图 2-60 是由 MOS 管和结型管构成的小信号幅度衰减电路，场效应管上的静态电压为零，幅度较小的信号电压通过电容 C 施加至场效应管 Q，R 与 Q 之间就是一个分压网络。

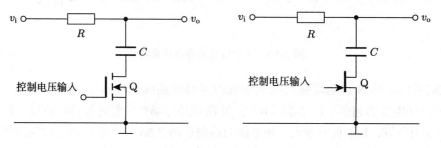

图 2-60　小信号幅度衰减电路

　之所以强调"小信号"，是为了保证加至场效应管漏极、源极间电压较小。因场效应管内部的漏 – 源对称结构，施加正或负极性的电压均能够正常。这一衰减电路常用于小信号放大电路或限幅振荡电路中，主要依靠电路输出信号电压进行自动调整，这种高精度的控制很难进行人工操作。

　用于小信号放大：当 $V_{DS} > (V_{GS} - V_T)$ 时，场效应管表现为压控电流特性，由此可以构成信号放大电路，从而实现小信号放大。图 2-61 是由绝缘栅型场效应管构成的小信号放大电路，实现小信号放大要做两个技术处理：一是加上直流电压，并给栅 – 源间施加合适的电压值，D-S 之间有足够高的电压，让场效应管进入饱和区工作；二是场效应管的输出电流经过电阻，完成电流至电压的转换，R_D 阻值越大，输出电压 v_o 也就越高。

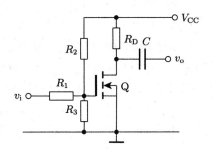

图 2-61　小信号放大电路

2.4.3　V 型槽场效应管

V 型槽场效应管是一种功率场效应管，其全称为 V 型槽 MOS 场效应管。它是继平面绝缘栅型场效应管之后新发展起来的高效、功率开关器件。它不仅继承了绝缘栅型场效应管输入阻抗高（大于 $10^8\Omega$）、驱动电流小（$0.1\mu A$ 左右）的优点，还具有耐压高（最高可耐压 1200V）、工作电流大（$1.5\sim100A$）、输出功率高（$1\sim250W$）、跨导的线性好、开关速度快等优良特性。正是由于它将电子管与功率晶体管之优点集于一身，因此在电压放大器（电压放大倍数可达数千倍）、功率放大器、开关电源和逆变器中被广泛应用。

1）V 型槽场效应管结构

V 型槽场效应管的结构剖面图如图 2-62（a）所示，它以 N^+ 型硅构成漏极区；在 N^+ 上外延一层低浓度的 N^- 型硅；通过光刻、扩散工艺，在外延层上制作出 P 型衬底（相当于 MOS 管 B 区）和 N^+ 型源极区；利用光刻法沿垂直方向刻出一个 V 型槽，并在 V 型槽表面生成一层 SiO_2 绝缘层和覆盖一层金属铝，作为栅极。当 $V_{GS}>V_T$ 时，在 V 型槽下面形成导电沟道。这时只要 $V_{DS}>0$，就有 ID 电流产生。显见，VMOS 管的电流流向不

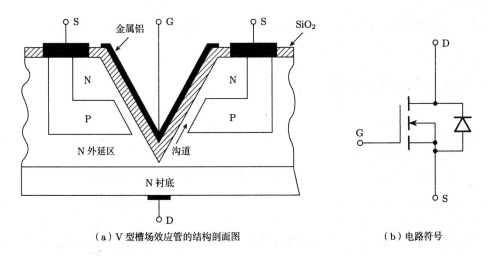

（a）V 型槽场效应管的结构剖面图　　　　　　（b）电路符号

图 2-62　V 型槽场效应管

是沿着表面横向流动,而是垂直表面的纵向流动。VMOS管的电路符号如图2-62(b)所示。

传统的 V 型槽场效应管的栅极、源极和漏极大致处于同一水平面的芯片上,其工作电流基本上是沿水平方向流动。V 型槽场效应管则不同,从图 2-62(a)上可以看出其两大结构特点:第一,金属栅极采用 V 型槽结构;第二,具有垂直导电性。由于漏极是从芯片的背面引出,所以 I_D 不是沿芯片水平流动,而是从掺杂 N^+ 区(源极 S)出发,经过 P 沟道流入轻掺杂 N^- 漂移区,最后垂直向下到达漏极 D。电流方向如图 2-62(a)中箭头所示,因为流通截面积增大,所以能通过大电流。由于在栅极与芯片之间有二氧化硅绝缘层,因此它仍属于绝缘栅型场效应管。

2)V 型槽场效应管的优势

由于 V 型槽场效应管独特的结构设计,使得它具有以下优点。

①V_{GS} 控制沟道的厚度。导电沟道为在 P 型衬底区打开了漏极到源极的电子导电通道,使电流 I_D 流通。当 V_{DS} 增大到饱和状态后,这一通道与 V_{DS} 关系很小,即沟道调制效应极小,恒流特性非常好。

②在恒流区,当 V_{GS} 较小时,I_D 随 V_{GS} 的升高呈平方律增长,与一般的 MOS 管相同。当 V_{GS} 增大到某一数值后,其导电沟道不再为楔形,而近于矩形,且矩形的高度随 V_{GS} 线性增加,故转移特性也为线性增长。

③V 型槽场效应管的漏区面积大,散热面积大(它的外形与三端稳压器相似便于安装散热器),沟道长度可以做得比较短,而且利用集成工艺将多个沟道并联,所以允许流过的漏极电流 I_D 很大(可达 200A),其最大耗散功率 P_D 可达数百瓦乃至上千瓦。

④因为轻掺杂的外延层电场强度低,电阻率高,使 V 型槽场效应管管所能承受的反向电压可达上千伏。

⑤因金属栅极与低掺杂外延层相覆盖的部分很小,所以栅极、漏极之间的电容很小,因而 V 型槽场效应管的工作速度很快(其开关时间只有数十纳秒),允许的工作频率可高达数十兆赫。

V 型槽场效应管的上述性能不仅使绝缘栅场效应管跨入了功率器件的行列,而且在计算机接口、通信、微波、雷达等方面获得了广泛应用。

2.4.4 场效应管的主要参数

1)直流参数

饱和漏极电流 I_{DSS}:当栅、源极之间的电压等于零,且漏、源极之间的电压大于夹断电压时,对应的漏极电流。

夹断电压 V_P:当 V_{DS} 一定时,使 I_D 减小到一个微小的电流时所需的 V_{GS}。

开启电压 V_T:当 V_{DS} 一定时,使 I_D 到达某一个数值时所需的 V_{GS}。

2)交流参数

交流参数主要有输出电阻 r_o 和低频跨导 g_m 两个参数,输出电阻一般在几十千欧到几百千欧之间,而低频跨导 g_m 是描述栅、源电压对漏极电流的控制作用,一般在十分之几至几毫西门子的范围内,特殊的可达 100ms 甚至更高。

极间电容：场效应管 3 个电极之间的电容，它的值越小表示场效应管的性能越好。

3）极限参数

最大漏极电流 I_{Dm}：指场效应管正常工作时漏极电流允许的上限值。

最大耗散功率 P_{Dm}：指在场效应管消耗的功率，受到场效应管散热条件与最高工作温度的限制。场效应管的功率损耗主要集中在漏极附近。

最大漏源电压 V_{DSm}：指发生在雪崩击穿、漏极电流开始急剧上升时的电压值。

最大栅源电压 V_{GSm}：指栅源间电流开始急剧增加时的电压值。

除以上参数外，还有极间电容、高频参数等其他参数。

2.5　运算放大器与电压比较器

目前，运算放大器与电压比较器是应用最广的两类集成器件，它们的电路图符号相同，内部组成也类似，但结构略有差别。有的一块集成器件内部可能只设计有一个运算放大电路，如 HA741、TLV3501 等；也有的一块集成器件内部集成了两个运算放大电路，如 LM358、LM393 等；或者一块集成器件内部集成了 4 个运算放大电路（电压比较电路），如 LM324、LM339 等。

2.5.1　运算放大器与电压比较器的工作特点

运算放大器与电压比较器采用同一个电路符号，如图 2-63 所示，除了电源端外，还有两个输入端和一个输出端。两个输入端分别称为同相端（IN+）和反相端（IN−），所谓同相端（IN+）是该端的电位变化趋势总是和输出端一至，即同相端（IN+）电位升高，则输出端电位也升高；在正弦波信号输入时，该端和输出端同相。所谓反相端（IN−）是该端的电位变化趋势总是和输出端相反，即反相端（IN−）电位升高，则输出端电位必定降低；在正弦波信号输入时，该端和输出端反相。

图 2-64 是运算放大器与电压比较器的电压转移关系曲线。从电压转移关系曲线中可以看出，只有输入端差动信号幅值极小范围才体现出线性传递关系，这一线性区域太狭窄没有实用意义。超出线性区后，输出电压稳定在极限状态，极限值受电源电压限制。

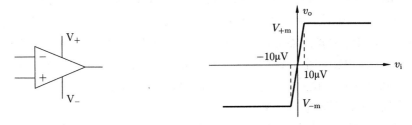

图 2-63　运算放大器与电压比较器符号　　　　图 2-64　运放电压转移关系

1）实际器件工作特点

电压增益高。运算放大器与电压比较器的自身电压增益都很高，一般可以达到 100dB

以上，这一增益用开环差动增益 A_{og} 表示［式（2-20）］。也因为开环电压增益高，可以用来做加、减、乘、除、积分、微分等多种运算，"运算放大器"由此而得名。

$$A_{og} = \frac{v_0}{v_+ - v_-} \tag{2-20}$$

输出极限电压时同相输入端与反相输入端之间可以存在较大电位差。这一电压差值称为差模电压，最大差模电压的允许值视不同型号而异。

输出有限电压时同相输入端与反相输入端之间的差模电压极小，基本可以作为等电位处理。

同相输入端与反相输入端电位共同变化时，输出端电位其本不变。输入端共同变化的电位称作共模信号，最大共模电压的允许值视不同型号而异。

运算放大器与电压比较器输入端的输入电流极其微小，一般可以忽略不计。

2）理想化运算放大器

在分析和综合运放应用电路时，为了简化计算时的网络结构，可以将集成运放看成一个理想运算放大器。由于实际运算放大器的技术指标比较接近理想运算放大器，因此由理想化带来的误差非常小，在一般的工程计算中可以忽略，电压比较器也是如此。理想运算放大器各项技术指标具体如下。

①开环差模电压放大倍数 $A_{od} = \infty$。

②输入电阻 $R_{id} = \infty$，输出电阻 $R_{od} = 0$。

③输入偏置电流 $I_{B1} = I_{B2} = 0$。

④失调电压 V_{IO}、失调电流 I_{IO}、失调电压温漂 dV_{IO}/dT、失调电流温漂 dV_{IO}/dT 均为零。

⑤共模抑制比 $CMRR = \infty$。

⑥无内部干扰和噪声。

进行理想化处理后，运算放大器可以引入"虚短"和"虚断"概念。理想运算放大器工作在线性区时可以得出两条重要结论。

虚短：因为理想运算放大器的电压放大倍数很大，而运算放大器工作在线性区，是一个线性放大电路，输出电压不超出线性范围（即有限值），所以，运算放大器同相输入端与反相输入端的电位十分接近相等。在运算放大器供电电压为 ±15V 时，输出的最大值一般在 10～13V。所以运算放大器两输入端的电压差在 1mV 以下，近似两输入端短路。这一特性称为"虚短"，显然这不是真正的短路，只是分析电路时在允许误差范围之内的合理近似。

虚断：由于运算放大器的输入电阻一般都在几百千欧以上，流入运算放大器同相输入端和反相输入端中的电流十分微小，比外电路中的电流小几个数量级，流入运算放大器的电流往往可以忽略，这相当于运算放大器的输入端开路，这一特性称为"虚断"。显然，运算放大器的输入端不能真正开路。

利用"虚短""虚断"这两个概念，在分析运算放大器线性应用电路时，可以简化应用电路的分析过程。运算放大器构成的运算电路均要求输入与输出之间满足一定的函数关系，因此均可应用这两条结论。如果运算放大器不在线性区工作，也就没有"虚短""虚断"的特性。如果测量运算放大器两输入端的电位，达到几毫伏以上，往往该运算放大器不在线性区工作，或者已经损坏。

3）电路电位高低比较

利用器件两个输入端电位微小差别就能够在输出端产生极端电位值，运算放大器和电压比较器都可以用作电路中两个电位值的比较，但是从响应速度和输入电压的动态范围上看，采用专用的电压比较器要比采用运算放大器更加合适。在电路的构建中如果在输出端与同相端之间连接电阻，就构成正反馈结构，使电压比较更加可靠，电路如图 2-65 所示。正反馈后，比较器输出端的电压回送到同相端，改变参考电压值，所以有两个不同的电压比较参考值，构成滞回电压比较特性，如图 2-66 曲线所示。

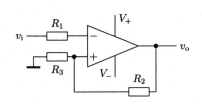 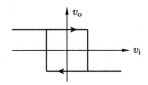

图 2-65　正反馈用于电压比较　　　　图 2-66　滞回电压比较特性曲线

4）信号线性传输

要线性地传输信号，就是控制运算放大器输出电压在有限值之内，使之能够连续调整输出电压。为此必须采用负反馈方式进行自动调整，图 2-67 中反馈电阻 R_2 总是连接在反相端与同相端之间。连接负反馈电阻后，实际利用输出端电位的变化来抵消输入信号对反相输入端电位的影响，致使运算放大器输出端电位能够稳定在某一有限值上。

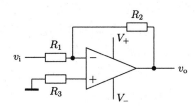

图 2-67　负反馈用于线性传输

从具体量值上看，容易导出电压线性传输的关系式。对于图 2-67 的电路，根据虚短和虚断的特征，R_1 和 R_2 可以看作是串联关系，则必定有：

$$\frac{v_i}{R_1} = -\frac{v_o}{R_2}$$

所以有：

$$v_o = -\frac{R_2}{R_1} v_i \qquad （2-21）$$

运算放大器的输入、输出电压成比例关系，这就是所谓的信号放大电路。式（2-21）中的负号表示输入输出变化趋势相反，即反相关系。如果要实现同相放大信号，则信号应该从同相端输入。

5）运算放大器和电压比较器选型

器件选型要根据电路的需要，满足必需的技术指标。如有些是用在低电压环境，有些需要微功耗的，有些只能单电源供电的，有些是需要响应速度快的，有些则需要输入阻抗高的等。为此，需要了解各种运算放大器的特质，有针对性地选择。器件选择通常考虑电源电压、增益大小、线性度、噪声大小、功耗大小、输入阻抗、频率响应、压摆率等 8 方面因素，它们的关系如图 2-68 所示。

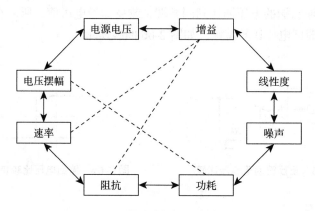

图 2-68　器件选择需考虑的因素

（1）通用型运算放大器。通用型运算放大器就是以通用为目的而设计的。这类器件的主要特点是价格低廉、产品量大面广，其性能指标能适合于一般性使用。如 μA741（单运算放大器）、LM358（双运算放大器）、LM324（四运算放大器）及以场效应管为输入级的 LF356 都属于此种。它们是目前应用最为广泛的集成运算放大器。

（2）轨到轨运算放大器。一般运算放大器的输入电位通常要求高于负电源某一数值，而低于正电源某一数值。也就是输入端的电位要介于电源正与负值之间。经过特殊设计的运算放大器允许输入电位在从负电源到正电源的整个区间变化，甚至稍微高于正电源或稍微低于负电源也被允许。这种运算放大器称为输入轨到轨（Rail-to-rail）运算放大器。

多数运算放大器的输出最高电位达不到电源极正电位，一般要低于正电位 1.5V；输出最低电位也达不到电源负极电位。近年来随着低电压技术的发展，经过特殊设计的运算放大器可以输出高至电源正极电位，低至电源负极电位。这类运算放大器称为输出轨到轨运算放大器。有一些是输出输入均为轨到轨（Rail-to-rail），如 AD8032、LMV358 等。

（3）高阻型运算放大器。这类集成运算放大器的特点是差模输入阻抗非常高，输入偏置电流非常小，一般输入阻抗 $r_{id} > 1G\Omega \sim 1T\Omega$，输入偏置电流 I_B 为几皮安到几十皮安。实现这些指标的主要措施是利用场效应管高输入阻抗的特点，用场效应管组成运算放大器的差分输入级。用 FET 作输入级，不仅输入阻抗高，输入偏置电流低，而且具有高速、宽带和低噪声等优点，但输入失调电压较大。常见的集成器件有 LF355、LF347（四运算放大器）及更高输入阻抗的 CA3130、CA3140 等。

（4）低温漂型运算放大器。在精密仪器、弱信号检测等自动控制仪表中，总是希望运算放大器的失调电压要小且不随温度的变化而变化。低温漂型运算放大器就是为此而设计的。目前常用的高精度、低温漂运算放大器有 OP07、OP27、AD508 及由绝缘栅型声效应管组成的低漂移器件 ICL7650 等。低温漂型运算放大器常用在直流信号放大中。

（5）低功耗型运算放大器。由于电子电路集成化的最大优点是能使复杂电路小型轻便，所以随着便携式仪器应用范围的扩大，必须使用低电源电压供电、低功率消耗的运算放大器相适用。常用的运算放大器有 TL-022C、TL-060C 等，其工作电压为 ±2 ~ 18V，消耗电流为 50 ~ 250μA。LMV358、AD8032 等的工作电压为 ±2.8 ~ ±5.5V，目前有的产品功耗已达微瓦级，例如 ICL7600 的供电电源为 1.5V，功耗为 10mW，可采用单节电池供电。

（6）高速型运算放大器。在快速 A/D 和 D/A 转换器、视频放大器中，要求集成运算放大器的转换速率 SR 一定要高，单位增益带宽 BWG 一定要足够大，像通用型集成运算放大器是不能适合于高速应用的场合的。高速型运算放大器主要特点是具有高的转换速率和宽的频率响应。常见的运算放大器有 LM318、μA715 等，其 $SR = 50 ~ 70V/μs$，$BWG > 20MHz$。高速型运算放大器近几年发展较快，代表性的有德州仪器（TI）公司的某些运算放大器，如 THS3201D、THS3001ID、THS4012ID 等。

（7）高压大功率型运算放大器。运算放大器的输出电压主要受供电电源的限制。在普通的运算放大器中，输出电压的最大值一般仅几十伏，输出电流仅几十毫安。若要提高输出电压或增大输出电流，集成运算放大器外部必须要加辅助电路。高压大电流集成运算放大器外部不需附加任何电路，即可输出高电压和大电流。例如 D41 集成运算放大器的电源电压可达 ±150V，μA791 集成运算放大器的输出电流可达 1A。

（8）可编程控制运算放大器。在仪器仪表的使用过程中都会涉及量程的问题。为了得到固定输出电压，就必须改变运算放大器的放大倍数。例如，某一运算放大器的放大倍数为 10 倍，输入信号为 1mV 时，输出电压为 10mV，当输入电压为 0.1mV 时，输出就只有 1mV，为了得到 10mV 就必须改变放大倍数为 100。程控运算放大器就是为了解决这一问题而产生的。例如 PGA103A，通过控制 1、2 脚的电平来改变放大的倍数。

（9）通用电压比较器。电压比较器的型号不多，常用的是双电压比较器 LM393 和四电压比较器 LM339，它们分别在一块芯片中集成了两个电压比较器和四个电压比较器，输出端均为集电极开路结构（OC 结构），输出延迟约 1.3μs。

（10）高速电压比较器。近几年随着芯片制作技术的改进，出现了工作速度更高的电压比较器，如 TLV3202 双电压比较器，TLV3501、LMV7219 单电压比较器等，微功耗互补式输出结构，输出延迟时间降至 40ns 和 4.5ns。

2.5.2　运算放大器与电压比较器的内部组成结构

运算放大器与电压比较器的高电压增益由内部电路结构决定。一般运算放大器与电压比较器的内部可以分作 3 部分：前置放大电路，中间放大电路，后置放大电路。前置放大电路要求做到低温漂高阻抗，所以采用差分电路结构；中间放大电路无特殊要求，采用直流耦合放大电路结构；后置放大电路要求具备比较大的电流输出、吸收能力，因而采用图腾柱结构、互补式结构等，集成电路中大量采用了恒流源电路，以保证芯片工作稳定性。

由于整个运算放大器内部全部采用直流耦合，因此，现代常规的运算放大器完全能够胜任直流信号的放大需要。

前置放大电路和稳定性对整体电路的影响最大，采用差分电路结构，能够很好地抵消三极管温度漂移所造成的影响，如图 2-69 所示。

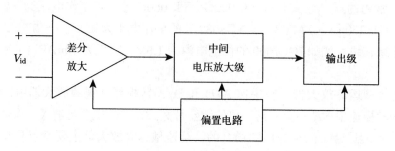

图 2-69　运算放大器内部框图

运算放大器具有电压放大能力强、输入阻抗高、输出阻抗低、工作稳定性好等特点，为了方便电路分析，常将运算放大器作理想化处理：放大器电压增益无穷大，放大器输入信号电压差为零，输入阻抗无穷大，输入信号电流为零。

2.5.3　运算放大器与电压比较器的主要区别

虽然运算放大器与电压比较器的内部电路结构类似，封装形式也一致，但在应用中两者还是有明显差异，需要加以区分。

电压比较器的输入电压范围都较宽，而部分运算放大器的共模、差模输入电压范围比较窄，只有输入轨到轨的运算放大器的共模输入电压较宽。

传统的电压比较器的输出端一般都设计成集电极（漏极）开路形式，如图 2-70 所示，便于多个比较器电路连接成线与结构；而运算放大器输出电路采用图腾柱结构，如图 2-71 所示，既可以向外输出电流，也可以向内吸收电流，因而不同运算放大器的输出不能直接连接在一起。

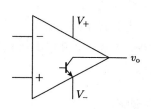 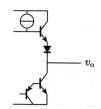

图 2-70　OC 输出结构　　　　图 2-71　图腾柱输出结构

运算放大器的内部电路是为线性工作的需要而设计的，所以运算放大器适宜线性工作，若进入非线性区会存在很大延迟。而电压比较器内部电路是为了非线性转换的高响应速度而设计的，在线性区也存在非线性现象、较大延迟现象等。因此，运算放大器不能够用作高速电压比较电路，电压比较器也不宜设计成高频率放大电路，它们的使用领域各有不同。

只有在低速度电路、小动态范围的电路两者才得以通用。

　　电子设计中选用电子器件应当区分类别，连续变化信号处理电路选用运算放大器，比较电压高低时应当选用电压比较器；信号频率高时选用高速器件，低电源电压环境选用轨到轨器件。在工作指标要求不高场合，LM358 是最常用的集成运算放大器；LM393 是最常用的电压比较器。

2.5.4　运算放大器与电压比较器的性能指标

　　1）增益带宽积（G_{BW}）

　　增益带宽积 $A_{\mathrm{OL}} \times f$ 是一个常量，定义在开环增益随频率变化的特性曲线中以 $-20\mathrm{dB}/$ 十倍频程滚降的区域。

　　2）开环带宽（B_{W}）

　　开环带宽又称 $-3\mathrm{dB}$ 带宽，是指运算放大器的差模电压放大倍数 A_{vd} 在高频段下降 $3\mathrm{dB}$ 所对应的频率 f_{H}。

　　3）共模输入电阻（R_{INCM}）

　　该参数表示运算放大器工作在线性区时，输入共模电压范围与该范围内偏置电流的变化量之比。

　　4）直流共模抑制（CMRDC）

　　该参数用于衡量运算放大器对作用在两个输入端的相同直流信号的抑制能力。

　　5）交流共模抑制（CMRAC）

　　CMRAC 用于衡量运算放大器对作用在两个输入端的相同交流信号的抑制能力，是差模开环增益除以共模开环增益的函数。

　　6）输入偏置电流（I_{IB}）

　　集成运放输出电压为零时，运放两个输入端静态偏置电流的平均值即为输入偏置电流，即：

$$I_{\mathrm{IB}} = \frac{1}{2}\left(I_{\mathrm{B1}} + I_{\mathrm{B2}}\right) \tag{2-22}$$

　　从使用上来看，偏置电流小好，由于信号源内阻变化引起的输出电压变化也愈小，故输入偏置电流是重要的技术指标。一般 I_{IB} 为 $1\mathrm{nA} \sim 0.1\mu\mathrm{A}$。

　　该参数指运算放大器工作在线性区时流入输入端的平均电流。

　　7）输入偏置电流温漂（T_{CIB}）

　　该参数代表输入偏置电流在温度变化时产生的变化量。T_{CIB} 单位为 $\mathrm{pA}/℃$。

　　8）输入失调电压（V_{IO}）

　　一个理想的集成运放，当输入电压为零时，输出电压也应为零（不加调零装置）。但实际上集成运放的差分输入级很难做到完全对称，通常在输入电压为零时，存在一定的输出电压。输入失调电压为了使输出电压为零而在输入端加的补偿电压。输入电压为零时，将输出电压除以电压放大倍数，折算到输入端的数值即为输入失调电压。V_{IO} 的大小反映了运算放大器的对称程度和电位配合情况。V_{IO} 越小越好，其值为 $2 \sim 20\mathrm{mV}$，超低失调和低漂移运算放大器的 V_{IO} 一般为 $1 \sim 20\mu\mathrm{V}$。

9）输入失调电压温漂（$\Delta V_{\mathrm{IO}}/\Delta T$）

输入失调电压温漂是指在规定工作温度范围内，输入失调电压随温度的变化量与温度变化量的比值。它是衡量电路温漂的重要指标，不能用外接调零装置的办法来补偿。输入失调电压温漂越小越好。一般的运算放大器的输入失调电压温漂值为 $\pm（1 \sim 20）\mathrm{mV}/℃$。

10）输入失调电流（I_{IO}）

由于信号源内阻的存在，I_{IO} 的变化会引起输入电压的变化，使运算放大器输出电压不为零。I_{IO} 愈小，输入级差分对管的对称程度越好，一般为 $1\mathrm{nA} \sim 0.1\mu\mathrm{A}$。当输出电压为零时，差分输入级的差分对管基极的静态电流之差称为输入失调电流 I_{IO}。

11）输入失调电流温漂（$\Delta I_{\mathrm{IO}}/\Delta T$）

在规定工作温度范围内，输入失调电流随温度的变化量与温度变化量之比称为输入失调电流温漂，单位为 $\mathrm{pA}/℃$。输入失调电流温漂是放大电路电流漂移的量度，不能用外接调零装置来补偿。高质量的运放每度几 pA。

12）差模输入电阻（R_{id}）

差模输入电阻 R_{id} 是指输入差模信号时运放的输入电阻。R_{id} 越大，对信号源的影响越小，运算放大器的输入电阻 R_{id} 一般都在几百千欧以上。

13）输入电容（C_{IN}）

输入电容 C_{IN} 表示运算放大器工作在线性区时任何一个输入端的等效电容（另一输入端接地）。

14）输出阻抗（Z_{O}）

输出阻抗是指运算放大器工作在线性区时，输出端的内部等效小信号阻抗。

15）输出电压摆幅（V_{O}）

输出电压摆幅是指输出信号不发生箝位的条件下能够达到的最大电压摆幅的峰值，V_{O} 一般定义在特定的负载电阻和电源电压下。

16）功耗（P_{d}）

给芯片施加电源电压时，存在一定的电源供给电流，电源电压与电源供给电流的乘积就是芯片的功耗。

17）电源抑制比（P_{SRR}）

电源抑制比参数用来衡量在电源电压变化时运算放大器保持其输出不变的能力，P_{SRR} 通常用电源电压变化时所导致的输入失调电压的变化量表示。

18）转换速率／压摆率（S_{R}）

转换速率 S_{R} 是指放大电路在电压放大倍数等于 1 的条件下，输入大信号（例如阶跃信号）时，放大电路输出电压对时间的最大变化速率，如图 2-72 所示。它反映了运算放大器对于快速变化的输入信号的响应能力。转换速率 S_{R} 的表达式为：

$$S_{\mathrm{R}} = \left| \frac{\mathrm{d}v_{\mathrm{O}}}{\mathrm{d}t} \right|_{\max} \tag{2-23}$$

转换速率 S_R 是在大信号和高频信号工作时的一项重要指标，目前一般通用型运算放大器压摆率为 $1 \sim 10V/\mu s$。

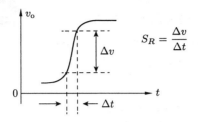

图 2-72　压摆率示意图

19）电源电流（I_{CC}、I_{DD}）

该参数是在指定电源电压下器件消耗的静态电流，这些参数通常定义在空载情况下。

20）最大差模输入电压（V_{idmax}）

最大差模输入电压 V_{idmax} 是指运算放大器两输入端能承受的最大差模输入电压。超过此电压，运算放大器输入级对管将进入非线性区，而使运算放大器的性能显著恶化，甚至造成损坏。根据工艺不同，V_{idmax} 为 $\pm（5 \sim 30）$ V。

21）最大共模输入电压（V_{icmax}）

最大共模输入电压 V_{icmax} 是指在保证正常工作条件下，运算放大器所能承受的最大共模输入电压。共模电压超过此值时，输入差分对管的工作点进入非线性区，运算放大器失去共模抑制能力，共模抑制比显著下降。

22）输入电压噪声密度（eN）

对于运算放大器，输入电压噪声可以看作是连接到任意一个输入端的串联噪声电压源，单位为 $nV/\sqrt{Hz}$。

2.6　声电与电声转换器

2.6.1　声电转换器

声电转换器就是通常所说的话筒（MIC），又称传声器，是一种电声器材，通过声波作用到电声元件上产生电压输出。话筒种类繁多，按换能原理可分为电动式、电容式（图2-73）、电磁式、压电式、半导体式传声器等，最常见的是驻极体话筒和动圈式话筒（图2-74）。

图 2-73　电容式话筒　　　　　　　图 2-74　动圈式话筒

1）驻极体话筒

驻极体话筒具有体积小、结构简单、电声性能好、价格低的特点，广泛用于盒式录音机、无线话筒及声控等电路中（图 2-75）。属于最常用的电容话筒。由于输入和输出阻抗很高，所以要在这种话筒外壳内设置一个场效应管作为阻抗转换器，为此，驻极体电容式话筒在工作时需要直流工作电压。

图 2-75　驻极体话筒

声电转换的关键元件是驻极体振动膜。它是一片极薄的塑料膜片，在其中一面蒸镀上一层纯金薄膜。然后再经过高压电场驻极后，两面分别驻有异性电荷。膜片的蒸金面向外，与金属外壳相连通。膜片的另一面与金属极板之间用薄的绝缘衬圈隔离开（图 2-76）。这样，蒸金膜与金属极板之间就形成一个电容。当驻极体膜片遇到声波振动时，引起电容两端的电场发生变化，从而产生了随声波变化而变化的交变电压。驻极体膜片与金属极板之间的电容量比较小，一般为几十皮法。因而它的输出阻抗值很高，约几十兆欧以上。这样高的阻抗是不能直接与音频放大器相匹配的。所以在话筒内接入一只结型场效应晶体三极管来进行阻抗变换。场效应管的特点是输入阻抗极高、噪声系数低。普通场效应管有源极（S）、栅极（G）和漏极（D）三个极。这里使用的是在内部源极和栅极间再复合一只二极管的专用场效应管（图 2-77）。接二极管的目的是在场效应管受强信号冲击时起保护作用。场效应管的栅极接金属极板。这样，驻极体话筒的输出线便有两根：即源极 S，一般用蓝色塑线；漏极 D，一般用红色塑料线和连接金属外壳的编织屏蔽线。

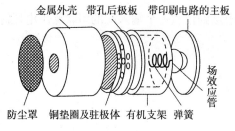

图 2-76　驻极体话筒结构

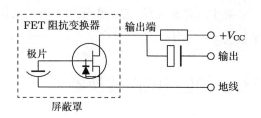

图 2-77　驻极体话筒等效电路

驻极体话筒的工作原理：话筒的基本结构由一片单面涂有金属的驻极体薄膜与一个上面有若干小孔的金属电极（又称为背电极）构成。驻极体面与背电极相对，中间有一个极小的空气隙，形成一个以空气隙和驻极体作绝缘介质，以背电极和驻极体上的金属层作为两个电极构成一个平板电容器。电容的两极之间有输出电极。由于驻极体薄膜上分布有自由电荷，当声波引起驻极体薄膜振动而产生位移时；改变了电容两极板之间的距离，从而引起电容的容量发生变化，由于驻极体上的电荷数始终保持恒定，根据公式：$Q = CV$，所以当 C 变化时必然引起电容器两端电压 V 的变化，从而输出电信号，实现声 - 电的变换。

由于实际电容器的电容量很小，输出的电信号极为微弱，输出阻抗极高，可达数百兆欧以上。因此，它不能直接与放大电路相连接，必须连接阻抗变换器。通常用一个专用的场效应管和一个二极管复合组成阻抗变换器。如图 2-78 所示，电容器的两个电极接在栅源极之间，电容两端电压既为栅源极偏置电压 V_{GS}，V_{GS} 变化时，引起场效应管的源漏极之间 I_{dc} 的电流变化，实现了阻抗变换。一般话筒经变换后输出电阻小于 $2k\Omega$。

表征驻极体话筒各项性能指标的参数主要有以下几项。

①工作电压（V_{GS}）。指驻极体话筒正常工作时，所必须施加在话筒两端的最小直流工作电压。该参数视型号不同而有所不同，即使是同一种型号也有较大的离散性，通常厂家给出的典型值有 1.5V、3V 和 4.5V 这 3 种。

②工作电流（I_{DS}）。指驻极体话筒静态时所通过的直流电流，它实际上就是内部场效应管的静态电流。和工作电压类似，工作电流的离散性也较大，通常在 0.1 ~ 1mA。

③最大工作电压（V_{MDS}）。指驻极体话筒内部场效应管漏、源极两端所能够承受的最大直流电压。超过该极限电压时，场效应管就会被击穿损坏。

④灵敏度。指话筒在一定的外部声压作用下所能产生音频信号电压的大小，其单位通常用 mV/Pa 或 dB（$1dB = 1000mV/Pa$）。一般驻极体话筒的灵敏度多在 0.5 ~ 10mV/Pa 或 −66 ~ −40dB 范围内。话筒灵敏度越高，在相同大小的声音下所输出的音频信号幅度也越大。

⑤频率响应，也称频率特性，是指话筒的灵敏度随声音频率变化而变化的特性，常用曲线来表示。一般说来，当声音频率超出厂家给出的上、下限频率时，话筒的灵敏度会明显下降。驻极体话筒的频率响应一般较为平坦，其普通产品频率响应较好（即灵敏度比较均衡）的范围在 100Hz ~ 10kHz，质量较好的话筒为 40Hz ~ 15kHz，优质话筒可达 20Hz ~ 20kHz。

⑥输出阻抗。这是指话筒在一定的频率（1kHz）下输出端所具有的交流阻抗。驻极体话筒经过内部场效应管的阻抗变换，其输出阻抗一般小于 $3k\Omega$。

⑦固有噪声。这是指在没有外界声音时话筒所输出的噪声信号电压。话筒的固有噪声越大，工作时输出信号中混有的噪声就越大。一般驻极体话筒的固有噪声都很小，为微伏级电压。

⑧指向性。也叫方向性，是指话筒灵敏度随声波入射方向变化而变化的特性。话筒的指向性分单向性、双向性和全向性 3 种。单向性话筒的正面对声波的灵敏度明显高于其他方向，并且根据指向特性曲线形状，可细分为心形、超心形和超指向形 3 种；双向性话筒在前、后方向的灵敏度均高于其他方向；全向性话筒对来自四面八方的声波都有基本相同的灵敏度。常用的机装型驻极体话筒绝大多数是全向性话筒。

2）动圈式话筒

动圈式话筒属于一种最常用的传声器。它的结构如图 2-78 所示，主要由振动膜片、音圈、永久磁铁和升压变压器等组成。它的工作原理是当人对着话筒讲话时，膜片就随着声音颤动，从而带动音圈在磁场中作切割磁力线的运动。根据电磁感应原理，在线圈两端就会产生感应音频电动势，从而完成声电转换。为了提高传声器的输出感应电动势和阻抗，内部还需装置一只升压变压器。动圈传声器结构简单、稳定可靠、使用方便、固有噪声小，无需馈送电源，使用简便，被广泛用于语言广播和扩声系统中；但缺点是灵敏度较低、频率范围窄。

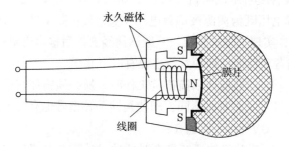

图 2-78　动圈式话筒结构

2.6.2　电声转换器

电声转换器是将语音电信号转换成声音信号的设备，即将电能转换成机械能的装置。从工作原理上看，目前实用的电声转换器类型不多，只有电动式（动圈式）和压电式两种，并且以电动式使用最广泛。常见的耳机、纸盆扬声器都于动圈式结构。

1）耳机

耳机（包括耳塞）（图 2-79）是小型的电声转换装置，因为小巧便于携带被广泛应用。主体结构由磁钢、音圈、音膜三部分组成，附属体包括支架、垫片、面罩等，如图 2-80 所示。其电声转换原理就是载流导线在磁场中受到作用力，受力大小与磁感强度、电流值、载流导线长度成正比，在这一作用力作用下还原出声压。

$$F = kBIL$$

图 2-79　耳机与耳塞

图 2-80　耳机结构图

2）动圈式扬声器

扬声器是最基本的电声转换装置,目前都采用动圈式结构,如图 2-81 所示,主要由纸盆、音圈、音圈子支撑片、纸盆支架、磁钢、磁钢支架、磁屏蔽罩、接线片等组成。其电声转换原理同样是载流导线在磁场中受到作用力所致。

图 2-81　扬声器结构爆炸图

其中纸盆的材料对音质影响很大,扬声器品质主要决定于纸盆的质量,另外与磁钢规格有一定关系。有一些专用于低音重放在的长冲程扬声器采用双层磁钢,使得音圈有效移动距离比较长,适合于低频下工作。

3）压电陶瓷扬声器

压电效应可分为正压电效应和逆压电效应。正压电效应是指:当晶体受到某固定方向外力的作用时,内部就产生电极化现象,同时在某两个表面上产生符号相反的电荷;当外力撤去后,晶体又恢复到不带电的状态;当外力作用方向改变时,电荷的极性也随之改变;晶体受力所产生的电荷量与外力的大小成正比。压电式传感器大多是利用正压电效应制成的。逆压电效应是指对晶体施加交变电场引起晶体机械变形的现象,又称电致伸缩效应。用逆压电效应制造的发声器可用于电声和超声工程,图 2-82 是两款常见的压电陶瓷扬声器。

压电陶瓷扬声器的优点:电声转换效率比动圈式高;结构简单,平面外形结构易于扬声器固定和贴装在有限的空间内;对后音腔的要求低;无线圈材料,不会产生电磁干扰和电磁辐射。压电陶瓷扬声器的缺点:低频响应有限,失真度大,工作不稳定。

驱动压电陶瓷扬声器的放大器电路应该具有驱动大电容负载的能力。

图 2-82　压电陶瓷扬声器

实 验

1. 用万用表判别晶体二极管、晶体管三极管、V 型槽场效应管、结型场效应管的极性

绝大多数的电子元件都是有极性的器件，判别电子元件极性是最基本的技术。

单向导电性是晶体二极管的最基本特性，不需要其他辅助电路，直接利用万用表就可以判别晶体二极管、晶体管三极管、场效应管的极性。晶体二极管和晶体管三极管极性判断详细方法参照书中 2.2.3 节及 2.3.4 节中的说明，V 型槽场效应管和结型场效应管的极性判别参照以下方法。

V 型槽场效应管是内部带有保护二极管的绝缘栅场效应管，如实图 2-1 所示，所以三个电极之间的导电特性完全不同。用万用表的电阻功能挡或二极管测量功能挡测量时，若两极之间呈现出单向导电性，则为漏极和源极；若双向均呈现出绝缘状态，则其中有一个极为栅极，假定其中一个为栅极，再与另一个极之间测量，同样有绝缘特性时，假定为真，反之，更换一个假定再测量。

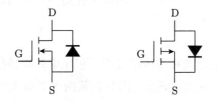

实图 2-1　V 型槽场效应管符号

结型场效应管都是耗尽型的，在栅极不加任何电压的情况下，漏极、源极之间表现为一个电阻，双向对称，而栅极与其他任意一极之间显示二极管的单向导电特性。根据这一特点，可以用万用表测量二极管的挡位进行判别：若两极之间表现为单向导电性，有一个极为栅极，假定其中一个为栅极，再与另一个极之间测量，同样有单向导电性时，则假定正确，反之，更换一个假定再测量；若两电极之间表现为电阻性，则该二极为源极和漏极。对于结型场效应管而言，只要封装结构上对称，源极和漏极是完全对称的，可以任意定义。

2. 用双踪示波器显示晶体二极管的 V-A 特性曲线

晶体二极管的 V-A 特性曲线中反映了端电压 V_D 和流过二极管的电流 I_D 二者之间的关系，如实图 2-2 所示，其中 V_D 是输入变量，I_D 是输出变量。示波器显示曲线是以扫描形式实现的，V_D 可以用信号源施加连续变化的电压，同时将 I_D 输入示波器；I_C 可以通过电流取样电阻转换成电压信号，输入示波器。此时，示波应该处于 X-Y 扫描功能，即 CH1 通道仍然作为 X 轴扫描，而 CH2 通道作为 Y 轴扫描使用。实验电路参考实图 2-2 所示的电路，图中电阻 R_2 既是限流电阻，电阻值由限流值决定，如在 $10V_{PP}$ 输入电压作用下，导通电流控制在 10mA 以下，则电阻最好选用 510Ω。R_1 是电流取样电阻，阻值以小为好，使得压降远小于回路电压。

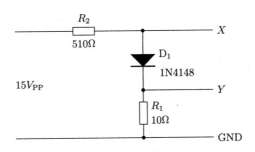

实图 2-2　二极管 V-A 特性简单测量电路

电路的左端口用信号源输入电压信号，幅度远大于二极管的导通电压即可，可以定为 15V 峰值。信号频率控制在 50Hz 以上，可以保证视觉上的连续性。接线时注意信号源的地线与示波器的地线是共线结构。X 轴显示的基本上是二极管两端电压 V_D 参数，Y 轴显示的是流过二极管的电流 I_D 参数，示波器应当处于直流测量功能。

在这一测量方法中，所显示的二极管正向导通电压还包含了电阻 R_1 上的电压，比实际的二极管导通电压略大一些，只是电阻 R_1 上电压较小，误差并不大。从测得的特性曲线上分析二极管的主要参数和所测二极管类型。

3. 考察晶体三极管的电流放大特性和场效应管的压控电流特性

1）用晶体管特性仪测量

用晶体管特性仪以曲线形式显示特性，可以获得比较全面的器件特性参数，具体操作请参照晶体管特性测量仪使用说明，主要是控制施加于基极阶梯电压的步进量和集电极扫描电压值。

2）自行组建电路进行测量

这一实验以获得所需了解的特性参数为目标，进行逐点测量法，自行设计简单测量电路。对于晶体三极管，主要测量集电极输出电流 I_C 随基极输入电流 I_B 的变化关系；对于场效应管，主要测量漏极输出电流 I_D 随栅、源间电压 V_{GS} 的变化关系。

注意：晶体三极管是电流控制型的器件，测量时在其基极必须连接限流电阻。

3）用双踪示波器显示晶体三极管输出特性曲线

晶体三极管的输出特性曲线中反映了输入电流 I_B、输出电流 I_C、集射间电压 V_{CE} 三者之间的关系，其中 I_B、V_{CE} 是输入量，I_C 是输出量。示波器显示曲线是以扫描形式实现的，I_B 和 V_{CE} 可以用双通道信号源施加连续变化的电压，同时将 V_{CE} 输入示波器；I_C 可以通过电流取样电阻转换成电压信号，输入示波器。此时，示波应该处于 X-Y 扫描功能，即 CH1 通道仍然作为 X 轴扫描，而 CH2 通道作为 Y 轴扫描使用。实验电路参考实图 2-3 所示的电路。

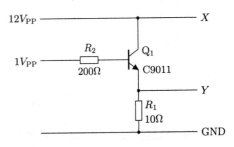

实图 2-3　三极管输出特性测量电路

测量时，加至三极管集电极的扫描电压采用 700Hz 左右的正弦波或三角波信号，幅值设定在 $12V_{PP}$ 左右，最好再加 3.0V 直流偏移，用双通道信号源的 CH1 输出；送三极管基极的电压采用 40Hz 的方波信号，幅值设定在 $1V_{PP}$ 左右，再加 2.0V 直流偏移，以保证能够看清曲线的动态变化过程，用双通道信号源的 CH2 输出。此时 X 轴是所施加的集射极电压参数，Y 轴是输出电流参数，显示的图形曲线表现为两条动态变化的输出特性曲线，包含其反向特性。

适当调节 X-Y 扫描的位移和偏转因数，使曲线显示在屏幕中间位置。根据曲线所在最高位置，分析三极管的电流放大倍数、饱和压降等参数。

[**思考与练习**]

1．二极管的主要作用是什么？它在电路中的伏安特性用什么表示？

2．肖特基二极管、硅二极管、发光二极管的正向压降大约是多少？

3．正常情况下稳压二极管是处于正向导通状态还是反向击穿状态？

4．若某一只二极管的表面型号已经分辩不清，如何区分该二极管是普通二极管还是稳压二极管？

5．如何用信号源和双踪示波器共同显示晶体二极管的特性曲线？

6．三极管的主要作用是什么？它在电路中的伏安特性用什么表示？

7．能否采用两只二极管组建成三极管？

8．三极管的 C、E 极能否互换使用？

9．请描述三极管正常工作时施加电压的规律。

10．如何判断三极管的 3 个工作状态？

11．保证三极管切底开通的条件是什么？

12．如何用简单方法区分二端光敏元件是光敏电阻、光敏二极管、光敏三极管？

13．场效应管 D、S 极能否互换使用？

14．依据场效应管图号的规律，判断后三类场效应管类型（题图 2-1）。其中题图 2-1（a）是 N 沟道增强型场效应管。

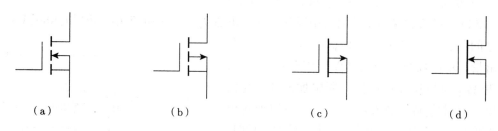

（a）　　　　　　（b）　　　　　　（c）　　　　　　（d）

题图 2-1　绝缘栅场效应管符号

15．从题图 2-2 转移特性曲线上判断 MOS 场效应管类型。其中题图 2-2（a）是 N 沟道增强型场效应管。

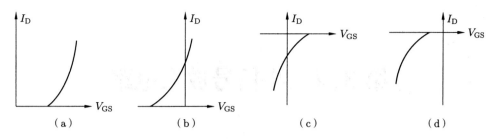

题图 2-2　绝缘栅场效应管特性曲线

16．如何用万用表区分场效应管的 3 个电极，并判断场效应管是否损坏？

17．如何用双通道信号源和双踪示波器显示晶体三极管的输出特性曲线？

18．运算放大器与电压比较器有哪些区别？

19．轨到轨运算放大器的特点是什么？列举常用轨到轨运算放大器的型号。

20．高阻运算放大器的特点是什么？列举常用高阻运算放大器的型号。

21．电压比较器能否用作信号放大？运算放大器能否用作电压比较？

22．在一个正常的交流放大电路中，测出某三极管三个管脚对地电位为：(1) 端为 1.5V；(2) 端为 4V；(3) 端为 2.2V。请判别出 (1)、(2)、(3) 端的名称；确定该管子的类型。

第3章　小信号放大电路

信号是信息的一种表现形式，是可观察的客观存在，如视觉观察光信号、听觉感知声音信号等，也有许多需要依靠仪器观察，电路中的信号通常是以电压、电流的形式表现，示波器是观察电信号的最主要设备。电子电路有一块很重要的内容就是处理电信号，其中最基本的是放大电信号。电信号放大过程中要保持其变化信息不被改变，就是要保持电压、电流的线性传递关系。如何实现这一目标？需要用到三极管、场效应管的控制关系，需要用到以它们为基础构建的集成运算放大器。

3.1　单管小信号放大电路

信号电压不同于电源电压，虽然两者都用电压、电流参数表示，但电信号更主要的作用在于其变化信息，而对于电源重点考虑的是他提供的能量大小，所以两者不能混淆。模拟信号是一种实时变化的信号，时刻都可能改变幅度，一般描述为时间的函数。小信号放大电路的特点是功率低、工作电流小。小信号放大电路重点要考虑的是信号传输的线性度、频率响应等指标。

3.1.1　三极管放大电路

晶体三极管电路放大信号电压时，实际是利用三极管的电流放大作用，再通过电阻进行电流－电压变换。三极管的电流放大作用只有在放大区才具备，因此，晶体三极管放大电路在工作时，必须设置合适的静态工作点（Q 点），让三极管进入放大区，才能对小信号进行不失真放大。即预先给三极管设置基极电流 I_B、集电极电流 I_C，并保证在 C、E 极之间加上电压 V_{CE}。所以，采用三极管构成电压放大电路有两个基本保证点：一是有能够让三极管进入放大区的网络，就是所谓的直流偏置电路；二是能够实现电流－电压的相互转换，一般通过电阻实现。

静态工作点又称 Q 点，就是三极管输出行性坐标上的一个点，一般由 I_B、I_C、V_{CE} 三个参数确定，如果只给出 I_C、V_{CE} 也可以确定。学习三极管放大电路，主要掌握静态工作点的控制、电压增益的计算、输入输出交流电阻计算，计算方法要根据具体电路而定，有统一的分析方法但没有统一的计算公式。

根据直流偏置电路设置形式的差别，有基极单偏置电路、基极分压式偏置电路、集电极反馈式偏置电路等，如图 3-1 所示。

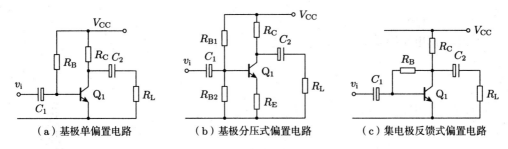

（a）基极单偏置电路　　　（b）基极分压式偏置电路　　　（c）集电极反馈式偏置电路

图 3-1　三极管构成的电压放大电路

调整静态工作点的方法通常是改变放大电路中三极管基极的上偏置电阻，如图 3-1 中的 R_B 和 R_{B1}，以保证三极管集电极对发射极的电压 V_{CE} 接近 $V_{CC}/2$。

1）单偏置电压放大电路

参照图 3-1（a）图。单偏置电压放大电路结构简单，但热稳定性差，只有对稳定性要求不高的电路采用这一结构。

（1）静态工作点的确定与调整。静态工作点 Q 的确定要顺着电路自身的控制规律进行分析。电路中三极管的各极电位由电流决定，集电极电流 I_C 受基极电流 I_B 控制，R_{B1} 是唯一限制基极电流的元件。因此，静态工作点 Q 的确定从计算基极电流 I_B 开始，三步计算法。

$$I_B = \frac{V_{CC} - V_{BE}}{R_{B1}} \tag{3-1}$$

式中，V_{BE} 是三极管发射结的导通电压，对于硅管统一为 0.7V。

$$I_C = \beta I_B \tag{3-2}$$

根据电路定理，计算 V_{CE} 值。

$$V_{CE} = V_{CC} - R_C I_C \tag{3-3}$$

其极偏置电阻 R_{B1} 是控制电路静态工作点唯一元件，要人为改变静态工作点就是改变 R_{B1} 阻值。另外，三极管的 β 值实际不是常量，随 I_C 变化而变化，且不稳定，随温度变化而变化，这是造成该电路热稳定性差的根本原因。

（2）放大电路的输入输出电阻。三极管放大电路一般用于交流小信号放大，是建立了静态工作点之后的动态变化。信号幅度较小时，电路接近于线性放大。这类放大电路的 R_{b1} 值通常很大（1MΩ 左右），放大电路的交流输入电阻基本等于三极管的交流输入电阻：

$$r_i = r_{bb} + (1 + \beta) \frac{26mV}{I_E} \tag{3-4}$$

式中，参数 I_E 应该用 mA 为单位代入。

放大电路的输出端口连接有集电极负载电阻 R_C 和和三极管的集电极漏电阻 r_{ce}，正常三极管的 r_{ce} 值很大，可以忽略不计。因此，放大电路的交流输出电阻 r_o 为：

$$r_o \approx R_C \tag{3-5}$$

（3）放大电路电压增益计算方法。

放大电路的电压增益定义为：

$$A_v = \frac{v_o}{v_i} \tag{3-6}$$

集电极信号电流为： $i_c = \beta i_b = \beta \frac{v_i}{r_i}$ 。

当输出开路即未连接负载电阻 R_L 时，集电极信号电压为 $v_o = i_c R_C = \beta \frac{R_C v_i}{r_i}$ 。

根据电压增益定义，该放大电路的空载电压增益大小为：

$$A_v = \beta \frac{R_C}{r_i} \tag{3-7}$$

集电极输出信号电压与输入基极输入信号相位反相。

对于交流信号 R_L 与 R_C 是并联关系，若连接负载电阻 R_L，则放大电路的有载电压增益大小为：

$$A_v = \beta \frac{R_C // R_L}{r_i} = \beta \frac{R'_L}{r_i} \tag{3-8}$$

（4）电路的电压动态范围。三极管放大电路中动态是指集电极电流、集电极电位随时间的变化情况，如图 3-2 所示。基极输入正弦变化规律的电流，集电极电流也是在静态 Q 基础上正弦式波动，流过集电极负载电阻 R_C 后，使得集电极电位在静态 Q 基础上波动： i_c 增大 v_{ce} 减小。

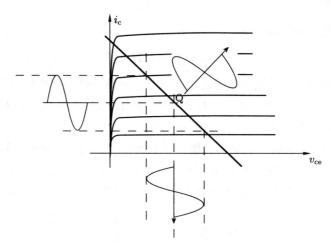

图 3-2　放大电路动态图

动态范围是可波动的变化范围。随着信号幅度增大，非线性现象会变得严重。当接近三极管的截止区或饱和区，基极电流会失去对集电极电流的控制能力，不可能再有效放大。这时，输出信号就会出现严重失真。电压增益计算式只能小信号放大时适用。

2）分压式偏置电压放大电路

参照图 3-1（b）。分压式偏置电压放大电路又称发射极偏置式放大电路，其优点是工作稳定性好，对稳定性要求高的电路基本采用这一结构。

（1）静态工作点的确定与调整。基极分压式偏置是给定基极电位，由发射极电阻直接限定发射极电流。因此，确定静态工作点 Q 应该按照基极电位 V_B→发射极电流 I_E→电压 V_{CE} 三步骤计算法。

$$V_B = \frac{R_{B2}}{R_{B1} + R_{B2}} V_{CC} \qquad (3\text{-}9)$$

$$I_C \approx I_E = \frac{V_B - V_{BE}}{R_E} \qquad (3\text{-}10)$$

式中 V_{BE} 是三极管发射结的导通电压，对于硅管统一为 0.7V。根据回路电压定理，计算 V_{CE} 值。

$$V_{CE} = V_{CC} - (R_C + R_E)I_C \qquad (3\text{-}11)$$

这一电路的 R_{B1}、R_{B2}、R_E 均直接影响电路静态工作点，但一般通过调整上偏置电阻 R_{B1} 来改变静态工作点。从静态工作点的计算式中反映出与 β 值无关，这就是电路工作状态稳定的根本原因。

（2）放大电路的交流输入输出电阻。同样，交流小信号放大是建立了静态工作点之上的动态变化。信号变化幅度较小时，电路接近于线性放大。当信号电流经过发射极电阻 R_E 成回路时，因三极管发射结的电压降基本恒定在 0.7V，输入的信号电压 v_i 被 r_{be}、R_E 两部分分担。

r_{be} 上的信号电流是 i_b，R_E 上的信号电流是 $(1+\beta)i_b$。则有：

$$v_i = r_{be}i_b + R_E(1+\beta)i_b \qquad (3\text{-}12)$$

三极管基极对地的交流等效电阻为：

$$r_b = \frac{v_i}{i_b} = r_{be} + (1+\beta)R_E \qquad (3\text{-}13)$$

交流等效电阻 r_b 由 r_{be}、$(1+\beta)R_E$ 两部分组成，由于 β 值较大，$r_{be} \ll (1+\beta)R_E$ 的值，输入的信号电压 v_i 基本降在 R_E 上。

如果在 R_E 上并联一个大电容 C_E，如图 3-3 所示使信号电流流经 C_E 而不经过 R_E，则 R_E 不形成信号压降，此时三极管基极对地的交流等效电阻仍然是：

$$r_b = r_{be} \qquad (3\text{-}14)$$

这类放大电路的 R_{B1}、R_{B2} 值有限，不能完全忽略，它们与三极管并联，即放大电路的交流输入电阻等于三极管的交流输入电阻与 R_{B1}、R_{B2} 三者并联。当 R_{B1}、R_{B2} 取值较大时，放大电路的交流输入电阻 r_i 近似为三极管交流输入电阻 r_b。

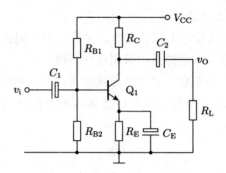

图 3-3 含发射极旁路电容的电路

$$r_i = r_b // R_{B1} // R_{B2} \tag{3-15}$$

该放大电路的输出电阻 r_c 仍然近似为 R_C。

（3）放大电路电压增益计算方法。这一电路的输入信号电压 v_i 直接决定了 i_e。

$$i_e = \frac{(1+\beta)}{r_{be} + (1+\beta) R_E} v_i \tag{3-16}$$

当输出开路即未连接负载电阻 R_C 时，集电极信号电压为：

$$v_o = i_c R_C = \frac{\beta}{1+\beta} i_e R_C \tag{3-17}$$

根据电压增益定义，该放大电路的空载电压增益大小为：

$$A_v = \frac{v_o}{v_i} = \beta \frac{R_C}{r_{be} + (1+\beta) R_E} \tag{3-18}$$

接上负载电阻 R_L 后，放大电路的有载电压增益大小为：

$$A_v = \beta \frac{R'_L}{r_{be} + (1+\beta) R_E} \tag{3-19}$$

集电极输出信号电压与输入基极输入信号相位反相。

若 R_E 被交流短接，即 R_E 上并联旁路电容 C_E，则电压增益计算式又回到了式（3-8）。

$$A_v = -\beta \frac{R'_L}{r_{be}} \tag{3-20}$$

计算式（3-20）中的负号代表集电极输出信号电压与输入基极输入信号相位反相。

3）集电极反馈偏置式电压放大电路

参照图 3-1（c）。集电极反馈偏置式电压放大电路既具有简单的电路结构，又有较好的工作稳定性，但电压增益略低。

（1）静态工作点的确定与调整。因这一电路必定能够使得三极管处于放大状态，使用时基本不必仔细计算静态工作点，最多估计电路的电位状态。如果要估计电路的电位状态，可以采用集电极电流 $I_C \to$ 电压 V_{CE} 二步计算法。

$$\frac{I_C}{\beta} = \frac{V_{CC} - I_C R_C - 0.7}{R_{B1}}$$

$$I_C = \frac{V_{CC} - 0.7}{R_C + R_{B1}/\beta} \tag{3-21}$$

根据回路电压定理，计算 V_{CE} 值。

$$V_{CE} = V_{CC} - (R_C + R_E)I_C \tag{3-22}$$

这一电路只有 R_{B1} 直接影响电路静态工作点，因而都通过调整电阻 R_{B1} 来改变静态值。一般 R_{B1} 值都取得较大。

（2）放大电路的交流输入输出电阻。同样，因 R_{B1} 值较大，放大电路的交流交流等效电阻 $r_i \approx r_{be}$。该放大电路的输出电阻 r_c 仍然近似为 R_C。

（3）放大电路电压增益计算方法。这一电路的电压增益与信号源内阻 r_s 有关，其计算式非常复杂，此处不再列出。

4）射极输出器

射极输出器的电路结构如图 3-4 所示，因为信号不从集电极输出，因而不必连接集电极电阻。射极输出器的电压增益接近于 1，但具具电流放大能力和功率增益。

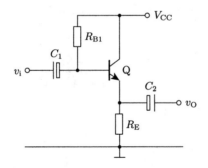

图 3-4　射极输出器电路

射极输出器的交流输入等效电阻为：

$$r_b = \frac{v_i}{i_b} = r_{be} + (1 + \beta) R_E \tag{3-23}$$

射极输出器的交流输出等效电阻 r_o 是 R_2 和发射极看基极电阻 $(r_s + r_{be})$ 等效值的并联，一般交流输出电阻较小。

$$r_o = R_2 // \frac{r_s + r_{be}}{(1 + \beta)} \tag{3-24}$$

射极输出器电路更多的是用于阻抗变换，或者称为缓冲电路。

5）差分放大电路

差分放大电路又称差动放大电路，它是一种能够有效地抑制零漂的直流放大电路。典型电路如图 3-5 所示，呈对称结构，可以抵消器件温漂所造成的不利影响。

对于差分放大电路，被放大信号可以差动输入，也可以单端对地输入，但都是要避免信号电流流经发射极公共电阻 R_1。

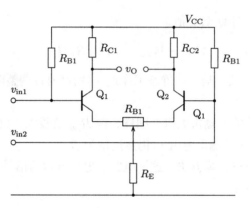

图 3-5　差分放大电路

（1）差分输入、双端输出。输入信号 v_i 加于两个基极上，则 $v_{i1} = v_i/2$；$v_{i2} = -v_i/2$；Q_1、Q_2 两管集电极输出电压为 v_o，若电位器 R_w 的滑动端调在中间位置，则其差模放大倍数为：

$$A_{vd} = \frac{\Delta v_o}{\Delta v_i} = \frac{-\beta R_{C1}}{r_{be} + (1+\beta)\frac{R_w}{2}} \qquad (3\text{-}25)$$

若在输出端接有负载 R_L，则放大倍数为：

$$A_{vd} = \frac{\Delta V_o}{\Delta V_i} = \frac{-\beta R'_L}{r_{be} + (1+\beta)\frac{R_w}{2}} \qquad (3\text{-}26)$$

式中：$R'_L = \frac{R_L}{2}//R_{C1}$。

（2）差分输入、单端输出。若输入信号接法不变，Q_1 管集电极 C 点（对地）输出电压 v_{o1}，其差模电压放大倍数为：

$$A_{vd} = \frac{\Delta v_o}{\Delta v_i} = -\frac{1}{2} \frac{\beta R_{c1}}{r_{be} + (1+\beta)\frac{R_w}{2}} \qquad (3\text{-}27)$$

当从 Q_2 管的集电极 D 点（对地）输出时，差模电压放大倍数的大小同上式，但表达式前没有负号。

（3）共模抑制比。若为双端输出，则在理想情况下，其共模电压放大倍数为 $A_{vc} = 0$。若为单端输出，则共模电压放大倍数为：

$$A_{vc} \approx -\frac{R_C}{2R_e} \qquad (3\text{-}28)$$

共模抑制比定义为 $K_{CMR} = \left| \dfrac{A_{vd}}{A_{vc}} \right|$。

　　欲要使 K_{CMR} 大，就要求 A_{vd} 大，A_{vc} 小；欲使 A_{vc} 小，就要求 R_e 阻值大。若采用恒流源就更理想，因恒流源的等效电阻很大。

　　6）放大电路交流参数的实验测量法

　　实验测量法实验测量法通常要比理论计算法简单，而且可信度高。理论计算都是在电路设计的第一阶段采用，在没有可测量的结果之前可以很准确地预见状态。

　　（1）测量电路的电压增益 A_v。与电路结构无关，直接根据电压增益的定义进行确定。

　　先在放大电路信号输入端口接上合适的信号源，用示波器监视放大电路的输出波形。同时用示波器或毫伏表分别测量输入信号和输出信号的幅度 v_i 和 v_o。则电压增益值为：

$$A_v = \frac{v_o}{v_i} \qquad (3\text{-}29)$$

　　（2）放大电路的输入、输出阻抗测量。因为放大电路的输入、输出阻抗是等效值，不可能采用伏安法测量。实验测量中一般采用比对法进行。

　　（3）测量放大电路的交流输入电阻 r_i。放大电路的交流输入电阻是指：电容 C_1 所在端口以后电路的交流等效电阻 r_i，参考图 3-6。测量方法：取一电阻 R 串联到输入回路，其限值与放大器输入阻值相当，用毫伏表或示波器分别测量出 v_s 和 v_i。则：

$$r_i = \frac{v_i}{v_s - v_i} R \qquad (3\text{-}30)$$

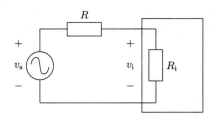

图 3-6　交流输入电阻测量原理图

　　放大电路的交流输出电阻 r_o 测量法：先测出放大器输出开路时的输出电压 v_o，然后接上负载电阻 R_L，再测出负载电阻上的信号电压 v_L，则放大电路的输出电阻由式（3-31）计算。

$$r_o = \left(\frac{v_o}{v_L} - 1 \right) R_L \qquad (3\text{-}31)$$

　　实验测量法不仅限于三极管电路，所有放大电路均可以按此方法处理。

　　7）三极管放大电路的级联

　　信号高倍率放大要采用多级放大电路。各基本放大电路之间的连接采用隔离直流电通交流的耦合方式。低频电路大多采用阻容结构进行耦合，如图 3-7 所示。

　　多级耦合放大电路的电压总增益等于各级有载电压增益相乘。

$$A_v = A_{v1}A_{v2}\cdots A_{vn} \tag{3-32}$$

多级耦合放大电路中间，后一级放大电路的输入阻抗就是前一级放大电路的负载阻抗。整体输入阻抗就是第一级放大电路的输入阻抗，最后一级的输出阻抗就是整体电路的输出阻抗。

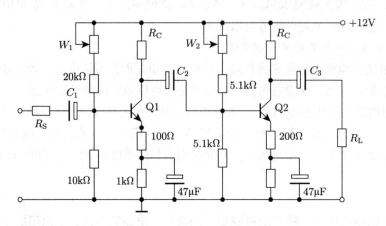

图 3-7　单管放大电路级联

现代高倍率放大电路基本不采用多级三极管放大电路，而是采用运算放大器电路，三极管放大电路只作为简单补充电路。

3.1.2　场效应管放大电路

三极管的特性决定了其电压放大电路的输入阻抗较低，适合制作低输入阻抗放大器。当需要高输入阻抗时，可以采用场效应管放大电路。另外，场效应管放大电路具有更低的噪声。

场效应管放大信号的基础是跨导 g_m，反映输入电压对输出电流的控制能力。

场效应管放大电路的结构类同三极管放大电路，有漏极输出型，也有源极输出型，如图 3-8 所示。图 3-8（a）中为了稳定静态工作点，需要在源极加入直流反馈电阻 R_S。

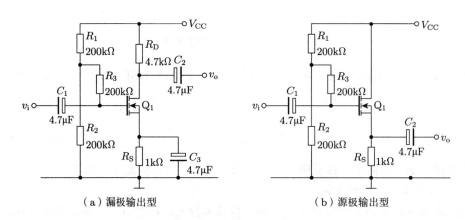

（a）漏极输出型　　　　　　　（b）源极输出型

图 3-8　场效应管放大电路

对场效应管放大电路也要设置静态工作点。静态工作点设置的最终目标是控制栅极电位，产生漏极电流 I_D，同时必须保证 V_{DS} 值足够大，确保场效应管工作在饱和区中。场效应管放大电路的栅极偏置电路往往连接成高阻结构。

图 3-8（a）电路是高输入阻抗型漏极输出器。其电压增益为：

$$A_v = \frac{v_o}{v_i} = -g_m R_D \qquad\qquad (3-33)$$

图 3-8（b）电路是高输入阻抗型源极输出器。其电压增益近似为 1，即电压跟随效果。

3.2　运算放大器放大电路

小信号放大电路的特点是功率低、工作电流小。有些电路的信号电压也很低，但有一些小信号放大电路的信号电压并不低，特别是采用运算放大器放大的小信号电压的幅度可以比较大。运算放大器的基本作用是放大信号，作为放大电路，必定要用到负反馈网络进行控制。实际电路的增益是由芯片之外的电阻网络确定。现代电路中信号放大基本依靠运算放大器完成，其优势是性能可靠，而且电路结构简单。

3.2.1　反相放大电路

1）反相放大电路的结构及电压增益

运算放大器构成的反相放大电路如图 3-9 所示，特点是输入信号连接至反相端，并且将输出信号反馈至反相端，同相端接地。根据电路基本定律和运算放大器的工作特征，可以导出反相放大电路的电压增益。

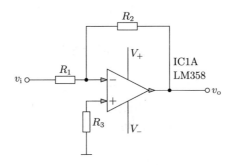

图 3-9　反相放大电路

设同相端的电位为 v_+，反相端的电位为 v_-，运算放大器处于放大状态下必定有 $v_+ = v_- = 0$（其中用到了"虚短"和"虚断"的概念）。按照电流的连续性有：

$$\frac{v_i}{R_1} = \frac{-v_o}{R_2}$$

由此得到反相放大电路电压传递关系式：

$$v_o = -\frac{R_2}{R_1}v_i \qquad (3\text{-}34)$$

2）反相放大电路的工作特点

（1）输出信号电压与输入信号反相。

（2）在深度负反馈时，放大电路的电压增益 A_v 完全决定于 R_2 和 R_1 比值，与运算放大器本身的开环电压增益无关。改变 R_2 和 R_1 比例关系，电压增益既可以大于1，也可小于1，也就是对信号既可以放大也可以衰减。

（3）反相放大电路的输入电阻：$r_i = R_1$，所取阻值一般比较小。

（4）反相放大电路的输出电阻 r_o 等于运算放大器输出内阻。

反相放大电路的特殊应用：当 $R_1 = R_2$ 时，$v_o = -v_i$。此时称为反相器，电路处理信号时经常被用做极性变换，例如根据给定一个正电压，获得数值相等的负电压。

3.2.2 同相放大电路

1）同相放大电路的结构及电压增益

同相放大电路的输入信号从同相端输入，输出信号反馈至反相端，与反相端输入电阻 R_1 构成负反馈网络，电路结构如图 3-10 所示。

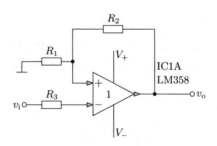

图 3-10 同相放大电路

同样，根据电路基本定律和运算放大器的工作特征，可以导出同相放大电路的电压增益。设同相端的电位为 v_+，反相端的电位为 v_-，运算放大器处于放大状态下必定有 $v_+ = v_- = v_i$（其中用到了"虚短"和"虚断"的概念）。按照电流的连续性有：

$$\frac{v_i}{R_1} = \frac{v_o - v_i}{R_2}$$

由此得到同相放大电路电压增益计算式：

$$v_o = \left(1 + \frac{R_2}{R_1}\right)v_i \qquad (3\text{-}35)$$

2）同相放大电路工作特点

①同相放大电路的输出信号与输入同相位。

②同相放大电路的电压增益大于或等于1。

③同相放大电路的输入电阻 r_i 等于运算放大器输入内阻，属于高阻电路，这是同相运

算放大电路的一个优点，对输入阻抗的调整比较灵活。

④同相放大电路的输出电阻 r_o 等于运算放大器输出内阻。

同相放大电路可以构成电压跟随器：当 $R_2 = 0$ 时，$v_o = v_i$。经常用此电路做信号隔离，或者称为阻抗变换，例如传送电容式传感器信号时，由于传感器的内阻很大，需要高输入阻抗的放大电路进行缓冲，可以采用高阻抗运算放大器构成的电压跟随器电路。

运算放大器构成的同相放大电路和反相放大电路均可以理解为比例运算电路，属于最简单的一种运算电路。要使多路信号同时通过一个放大电路放大，可以理解为加、减法比例运算，在同相放大电路和反相放大电路的基础上，增加加、减法功能。

3.2.3　减法运算放大电路

利用同相放大电路和反相放大电路输出信号相位相反的特征，两路信号分别从同相端和反相端输入。减法运算放大电路结构如图 3-11 所示。

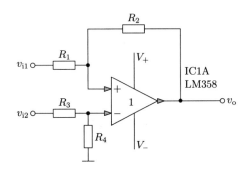

图 3-11　减法运算放大电路

对于导出减法运算放大电路电压传递关系式的方法，可以采用电路基本定律计算，也可以利用结性电路叠加的思想处理。以下是按照叠加的思想进行推导。

在反相端信号单独作用下，输出分量为：

$$v_{o1} = -\frac{R_2}{R_1}v_{i1}$$

在同相端信号单独作用下，输出分量为：

$$v_{o2} = \left(1 + \frac{R_2}{R_1}\right)\frac{R_4}{R_3 + R_4}v_{i2}$$

两个分量相叠加，总输出电压为：

$$v_{o2} = \left(1 + \frac{R_2}{R_1}\right)\frac{R_4}{R_3 + R_4}v_{i2} - \frac{R_2}{R_1}v_{i1} \tag{3-36}$$

式（3-36）中两个输入信号有各自独立的比例放大关系，如果取 $R_3 = R_1$，$R_4 = R_2$，则可获得比较简单的电压传递关系：

$$v_{o2} = \frac{R_2}{R_1}(v_{i2} - v_{i1}) \tag{3-37}$$

减法运算放大电路特点是：同相输入的增益大于反相输入，要想获得均等相减，必须采用特定的电阻配比。

3.2.4 加法运算放大电路

加法运算放大电路的结构特点是多路信号都从同相端输入，或者都从反相端输入，使得输出信号与各输入信号的相位关系都一致。图 3-12 是从反相端输入，具有比较简单的电压传递关系计算式。

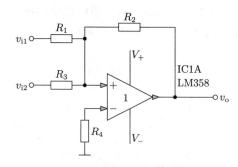

图 3-12 加法运算放大电路

根据线性迭加思想，输出电压是单个输入信号经过反相放大后的迭加。因而可以写出电压传递关系式：

$$v_{o} = -\left(\frac{R_2}{R_1}v_{i1} + \frac{R_2}{R_3}v_{i2}\right) \tag{3-38}$$

从计算式（3-38）中可以看出，每一个输入信号的增益可以独立控制，既可放大又可衰减，相当于具有加权的和关系。如果采用同相端输入，电压传递关系式比较复杂，并且失去了信号独立控制能力，因此很少采用同相端输入方式。

3.2.5 高阻抗平衡转不平衡放大电路

运算放大器构成的同相放大或者反相放大电路都是信号对地输入方式，称为不平衡输入方式。运算放大器本身也可以作差动输入，但所构成放大电路反相输入端阻抗较低，不能实现高阻抗平衡输入。

为了实现高阻抗平衡输入，两个输入端都应该在同相端。这样，就需要多个运算放大器一起使用，如图 3-13 所示，又称仪用放大器。为此，有专门的集成器件，如德州仪器公司推出的 INA333A 芯片就是这一类电路结构。

高阻抗平衡转不平衡放大电路电压传递关系分析如下。

电阻 R_1、R_2 上的电流相等，R_1 上的电压差是 $v_{i1} - v_{i2}$。因此：

$$v_{o1} = v_{i1} + R_2 \frac{v_{i1} - v_{i2}}{R_1} = \left(1 + \frac{R_2}{R_1}\right) v_{i1} - \frac{R_2}{R_1} v_{i2}$$

$$v_{o2} = v_{i2} + R_2 \frac{v_{i2} - v_{i1}}{R_1} = \left(1 + \frac{R_2}{R_1}\right) v_{i2} - \frac{R_2}{R_1} v_{i1}$$

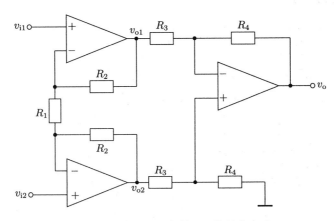

图 3-13　高阻抗平衡转不平衡放大电路

对于右边的运算放大器，根据反相放大电路的电压传递关系和同相放大电路的电压传递关系，将两者叠加可能得到输出电压：

$$v_o = \left(1 + \frac{R_4}{R_3}\right) \frac{R_4}{R_3 + R_4} v_{o2} - \frac{R_4}{R_3} v_{o1} = \frac{R_4}{R_3} (v_{o2} - v_{o1})$$

$$v_o = \frac{R_4}{R_3} \left[\left(1 + \frac{R_2}{R_1}\right) v_{i2} - \frac{R_2}{R_1} v_{i1} - \left(1 + \frac{R_2}{R_1}\right) v_{i1} + \frac{R_2}{R_1} v_{i2} \right]$$

$$v_o = \frac{R_4}{R_3} \left[\left(1 + \frac{2R_2}{R_1}\right) (v_{i2} - v_{i1}) \right]$$

高阻抗平衡转不平衡放大电路的电压增益为：

$$A_v = \frac{v_o}{v_{i1} - v_{i2}} = -\frac{R_4}{R_3} \left(1 + \frac{2R_2}{R_1}\right) \tag{3-39}$$

该电路可用作对平衡信号的检测和转换。

3.2.6　低压 MIC 信号放大电路

有些台式话筒需要单给 MIC 加装一个放大电路，工作于低电压环境。如图 3-14 所示是采用一节 3.6V 锂电池供电的低压单电源放大电路，放大芯片采用廉价的 LMV358 通用运算放大器。

LMV358 芯片适合低电压工作，但其频率增益积较低，因此，电路设计时引入深度负反馈，将电压增益控制得低一些为妥，有利于展宽工作频带。MIC 的信号幅度较小，可以在低电压环境工作。

如图 3-12 所示，电路采用了同相、反相两级放大电路，直接耦合方式。为了适应交流信号的放大，要给运算放大器输入端设置中间电位，以保证交流信号在中间电位基础上增减幅度。由于是单电源供电，需要设置中间电位，这里采用红外发光二极管 D_1 稳定中间电位值，结构比较简单。

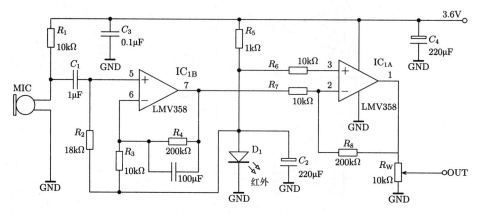

图 3-14　低压 MIC 信号放大电路

放大电路的总电压增益由电阻 R_3、R_4、R_7、R_8 决定。

$$A_v = \frac{R_4 R_8}{R_3 R_7} \tag{3-40}$$

图 3-14 中参数决定的信号电压增益为 420 倍，实际使用中可以根据需要加以改变，改变原则是输出信号不出现幅度失真现象。

要注意的是虽然芯片的工作电流很小，但要满足低频率滤波的需要，3.6V 电源滤波电容的容量要取得大一些，一般取 $220 \sim 470\mu F$。

3.2.7　使用光电隔离的音频放大器

1）光电隔离放大电路结构

电信号的电隔离传输目前主要有变压器耦合和光电耦合两种。目的是在传送所需的有用信号的同时，在电路连接上将其分离，例如从民用交流电网中提取附带的信息，为了防止设备带电，需要对电路进行隔离。隔离放大器组成框图如图 3-15 所示，其虚线左边与右边导线连接。

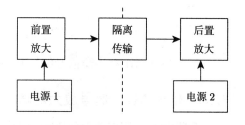

图 3-15　隔离放大器组成框图

光电隔离耦合放大电路如图 3-16 所示，是电隔离传输信号的电路类型之一，具有体积小、电路简洁、性能稳定、电压隔离能力强、适合低频率信号工作等特点，它可以直接传输放大直流信号。这是变压器耦合方式所不能达到的。

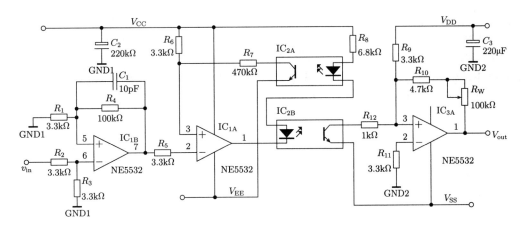

图 3-16　光电隔离耦合放大器原理图

2) 光电隔离放大电路工作原理

整个放大器电路结构主要由三个运算放大器 IC_1、IC_2、IC_3，两个光电耦合器，两组独立的供电电源组成。光电耦合器内部包含一组发光元件和光敏元件，当发光元件通以电流时，它会发出光线，透过中间的透射物质，光敏元件感受到光线，产生电流输出，输入电流越大，内部传递的光线强度越大，所产生的输出电流也就越大。集成运算放大器 IC_1 是一个双运放，其中之一组成同相放大器，作为信号前置放大；另一个运算放大器组成特殊的电压 – 电流变换器，用以驱动光电耦合器工作，集成运算放大器 IC_3 作为后置信号放大。光电耦合器 IC_2 是一个双光耦，其中之一是用于光耦本身的工作状态反馈，以保证光耦工作在线性区，另一个光耦用于前后级间信号耦合。

为了达到完全隔离的目的，原则上电路的供电电源应分为独立的两组，左边一组用 V_{CC}、V_{EE} 及 GND1 表示，右边一组用 V_{DD}、V_{SS} 及 GND2 表示，两组间没有任何线路连通。这里两组电源电压可以取为 $\pm 12V$，即 $V_{CC} = V_{DD} = +12V$，$V_{EE} = V_{SS} = -12V$。

第一级的前置同相放大电路是基本的放大电路，这里不再复述。电压增益为：

$$A_{v1} = \left(1 + \frac{R_4}{R_{13}}\right)$$

末级 IC_3 组成的放大电路结构属于普通的反相比例放大电路，R_{W14} 调节其信号放大倍数。但它的电压放大倍数不只是决定于 R_{10}、R_{W14} 与 R_{12} 的比值的关系，还与光电耦合器内部三极管的内阻有关；电路的静态电位受光电耦合器输出电流影响，因此，电阻 R_9、R_{12} 的取值就与 R_6、R_7 的阻值成比例（两组电源电压值不等时），即 $R_9 : R_6 = R_{12} : R_7$，或取 $R_9 = R_6$，$R_{12} = R_7$（两组电源电压值相等时），尽量使运算放大器反相输入端电位为零。

光电隔离耦合放大器的核心电路是由光电耦合器 IC_2 与运算放大器 IC_1 组成的电压 – 电流变换电路，如图 3-17 所示。两个光耦的发光二极管接在电源正极与运放输出端之间，电阻 R_8 控制其电流大小，根据光电耦合器的电流传输比，在电阻 R_6、R_7 上形成电压降，使运放的两个输入端电位相等。当运放同相端输入电位发生变化时，如电位增高，其输出端电位也将增高，则光电耦合器中发光二极管电流将变小，输出三极管中的电流也将变小，电阻 R_6 上的电压降变小，运算放大器反相输入端的电位跟随着升高。电压 – 电流变换电路的电压传输比，由电阻 R_8、R_6 及光电耦合器的电流传输比共同决定。设光电耦合器的电流传输比 K_I，内阻为 r_D，则这一级的电压电流转移关系为：

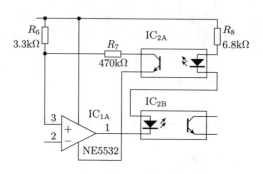

图 3-17 电压 – 电流变换

$$I_o K_I R_6 = v_3$$

v_3 是运算放大器 IC_{1A} 同相端的信号电压。两只光电耦合器是同一块芯片，认为具有相同的电流传输比，则光耦输出至后一级的信号电压为：

$$v_4 = I_o K_I R_9$$

所以中间耦合电路的电压增益为：

$$A_{v2} = \frac{v_4}{v_3} = \frac{R_9}{R_6} \tag{3-41}$$

光电耦合器的电流传输比 K_I 是非线性函数，而电压增益是线性函数，决定于 R_9 与 R_6 的比值，与光电耦合器的电流传输比 K_I 无关。这就是实现线性传输的原因所在。也可以理解为引入了深度负反馈后，消除了原本存在的非线性失真。

最后一级反相放大电路的信号电压增益为：

$$A_{v3} = -\frac{R_{10} + R_{14}}{R_9}$$

信号电压增益与 R_{12} 无关。

3）隔离放大电路效果

图 3-18 是隔离放大电路的实测效果图。测量时没有经过 IC_3 放大电路，曲线上看不出失真现象，而且可工作的频率较高。

最好在电路中增加 IC_{1A} 的反馈电容，因为光耦对高频的响应能力很差，在高频段光电耦合器无法传递信号，若不连接反馈电容容易产生自激振荡。

两个光电耦合器最好采用集成在一起的双光耦器件，如 TLP521-2，这样可以使得两对发射接收器性能一致性好，保证信号输送的线性度。

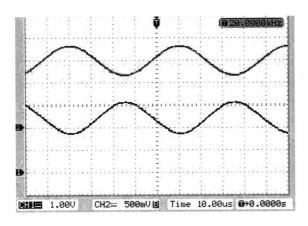

图 3-18　隔离放大电路信号传输波形

3.3　负反馈放大电路的一般规律

负反馈放大电路是一种闭环结构，从放大器放大后输出的信号中取一部分返回至运算放大器输入端，抑制原信号的变化量。相对应的没有反馈的放大电路称为开环结构，如放大器本身的放大认为是开环放大，同相放大电路、反相放大电路等都是闭环结构。负反馈是放大电路获得高稳定性的必要手段。

3.3.1　负反馈对放大电路增益的影响

负反馈放大电路的基本结构如图 3-19 所示，其中 $\dot{X}_{\mathrm{f}}$ 与 $\dot{X}_{\mathrm{i}}$ 互为反相。

$$X_{\mathrm{id}} = X_{\mathrm{i}} - X_{\mathrm{f}}$$

基本放大电路就是指开环放大电路，开环增益为：

$$A = \frac{X_{\mathrm{o}}}{X_{\mathrm{id}}} \qquad (3\text{-}42)$$

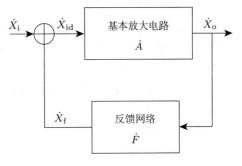

图 3-19　反馈放大电路基本结构

反馈网络的反馈系数为：

$$F = \frac{X_{\mathrm{f}}}{X_{\mathrm{o}}} \qquad (3\text{-}43)$$

负反馈放大电路整体增益为：

$$A_{\mathrm{f}} = \frac{X_{\mathrm{o}}}{X_{\mathrm{i}}} = \frac{X_{\mathrm{o}}}{X_{\mathrm{id}} + X_{\mathrm{f}}} = \frac{X_{\mathrm{o}}/X_{\mathrm{id}}}{1 + \dfrac{X_{\mathrm{f}}}{X_{\mathrm{o}}}\dfrac{X_{\mathrm{o}}}{X_{\mathrm{id}}}} = \frac{A}{1 + FA} \qquad (3\text{-}44)$$

对于负反馈放大电路而言，$\dot{F}$ 与 $\dot{A}$ 互总是反相的，因而 $(1+FA)>0$，$(1+FA)$ 称为反馈深度，负反馈放大电路增益比开环放大电路增益降低 $(1+FA)$ 倍。

当 $(1+FA)\gg 1$ 时，称为深度负反馈，此时 $A_f=1/F$。说明在深度负反馈条件下，闭环增益只取决于反馈系数 F，与基本放大电路的增益无关，由此决定了深度负反馈放大电路的稳定性。图 3-9 中运算放大器构成的反相放大电路反馈系数为 $F=R_1/R_2$，其电压增益为 R_2/R_1；图 3-10 中运算放大器所构成的同相放大电路反馈系数为 $F=R_1/(R_1+R_2)$，其电压增益为 $(R_1+R_2)/R_1$，完全与负反馈理论一致。

X 在电路中可能代表电压参数，也可能代表电流参数，所以对于不同的电路结构，A 和 F 有不同含义：电压增益、电流增益、互导增益、互阻增益，对应不同的量纲：电压增益和电流增益无量纲，互导增益量纲为 S，互阻增益量纲为 Ω。通常讨论最多的是电压放大电路，用电压增益描述。

3.3.2 负反馈放大电路的组态

负反馈组态就是按照放大电路结构来划分的负反馈类型。放大电路实际所控制的只有电压和电流两个变量，电路的基本连接方式是串联与并联，取反馈放大电路的某一个变量以某一种方式连接，这样就形成了四种组态：电压串联负反馈、电压并联负反馈、电流串联负反馈及电流并联负反馈。

1）各组态的特征

电压反馈：取放大电路的输出电压为反馈变量。输出电压就是负载两端的电压，图 3-9 和图 3-10 中的电路都是电压反馈方式。电压反馈是对输出电压进行控制，具有稳定输出电压的作用。稳压电源就是通过电压反馈来稳定输出电压。

电流反馈：取放大电路的输出电流为反馈变量。输出电流就是负载上的电流，一般通过与负载串联的电流取样电阻获取电流信息。电流反馈是对输出电流进行控制，具有稳定输出电流的作用。稳流电源就是通过电流反馈来稳定输出电流。

连接关系是指输入信号、反馈信号、放大电路输入端口三者之间的连接关系。每一个信号输送线都有两条，放大电路的入口也有两个端子，这三者之间只有串联和并联两种连接方式，如图 3-20 所示。

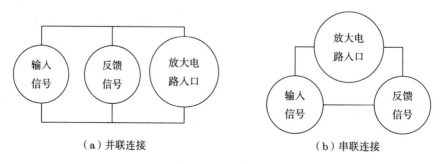

（a）并联连接　　　　　　　　　　　　（b）串联连接

图 3-20　电路连接关系

放大电路的输入口都有两个端子，晶体三极管的输入口是基极与发射极之间，场效应管是栅极与源极之间，运算放大器电路是同相端与反相端之间。以运算放大器电路为例，如图 3-9 所示的反相放大电路属于电压并联负反馈放大电路，其电路连接特点是输入信号与反馈信号汇合后送至反相端；如图 3-10 所示的同相放大电路属于电压串联负反馈放大电路，其电路连接特点是输入信号连接至同相端，反馈信号回送至反相端，三者呈串联结构。电流并联负反馈放大电路如图 3-21 所示，图中 R_L 是放大电路负载电阻，R_4 的阻值较小，是负载电流取样电阻，电路特征是将负载电流取样信号反馈至反相端，输入信号也从反相端输入，因而是并联结构；电流串联负反馈放大电路如图 3-22 所示，同样，R_L 是放大电路负载电阻，R_4 的阻值较小，是负载电流取样电阻，电路特征是将负载电流取样信号反馈至反相端，输入信号从同相端输入，因而是串联结构。

2）组态类型判断

反馈组态由电路结构直接决定。对于初学者区别反馈组态往往是一个学习难点，为此，可以总结一些方便操作的判断方法。

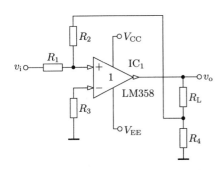

图 3-21　电流并联负反馈放大电路

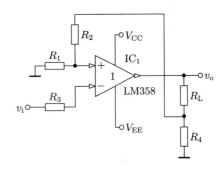

图 3-22　电流串联负反馈放大电路

（1）区别电流与电压反馈——负载短路法：假设将负载短路，如果存在反馈信号也被同时短路，则为电压反馈；如果反馈信号仍然存在，则为电流反馈。也可假设断开负载，如果存在反馈信号同时消失，则为电流反馈；如果反馈信号仍然存在，则为电压反馈。

（2）区别正反馈与负反馈——瞬时极性判断法：在判别某一电路反馈的正、负类型时，可以沿着信号放大与反馈环路，逐点考察电位变化情况。电位上升用"＋"号表示，电位下降用"－"号表示，如图 3-21 和 3-22 所示。如果反馈回来的电位变化与输入信号电位变化相同，则为正反馈；如果反馈回来的电位变化与输入信号电位变化相反，则为负反馈。

3.4　放大电路的频率响应

放大电路的频率响应是指放大电路电压增益、相位偏移随信号频率的变化情况。用幅频特性和相频特性分别进行描述，幅频特性反应增益变化情况，相频特性反应相位偏移情况。对于音频放大电路，最基本的要求是不同频率的信号具有相等的增益和零相位偏移量。要达到这一效果困难重重。

3.4.1 影响放大电路频率特性的因素

1）放大器件自身频响特性影响放大电路的整体频响

三极管、场效应管、运算放大器等放大器件都有工作频率限制，共同的表现是当信号频率升高，其增益必定下降。如三极管的电流放大倍数随频升高而下降，其 β-f 关系曲线如图 3-23 所示。运算放大器的增益带宽积是常量，意味着频率越高，电压增益越低，增益频率关系曲线如图 3-24 所示。

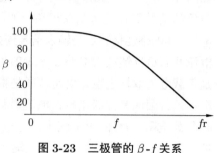

图 3-23　三极管的 β-f 关系

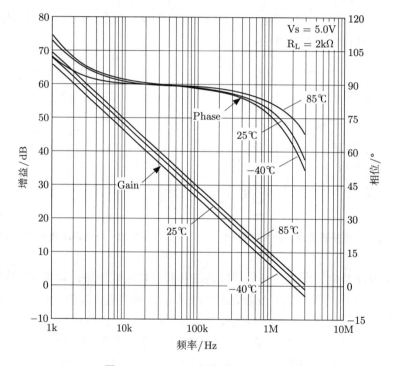

图 3-24　LM324 频率增益相移关系

图中的坐标按照对数规律分度，称作波特图，是最常见一种标度方式，特殊的是相频特性的纵坐标还是采用线性坐标。

在放大电路中虽然可以通过负反馈的方式降低器件频率特性造成的不利影响，但前提是器件要留出足够大的放大裕量，如以图 3-24 中的运算放大器为例，20kHz 对应的电压增益是 40dB，即 100 倍，相应的放大电路通过负反馈把电压增益控制在 50 倍，即 34dB，离 40dB 还有裕量，则对于 20kHz 以下信号，电压增益能够被均匀地控制在 50 倍，不受放大器自身频响特性的影响。

2）信号耦合电容和滤波电容影响电路频响特性

通常放大电路的输入输出端口连接有隔直流的耦合电容，电容的容抗是频率的函数，额外增加了电路的阻抗，形成高通电路，低频段的电压增益必定下降，这种电路的特性如图 3-25 所示。

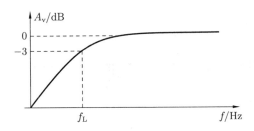

图 3-25　耦合电容引起的高通特性

低端截止频率 f_L：当电压增益 A_v 下降至正常值的 70% 时对应的频率。

在有些放大电路中有目的地设置了滤波电容，接控制电路的频率响应指标，对频率特性会有明显影响。

3）线路分布参数影响电路频响特性

放大电路做成实际电路板时，会有比较复杂的布线，会存在布线电容、布线电感等分布参数。分布参数对低频信号没有作用，在高频率段分布参数会影响电压增益。

4）受集成放大器输出压摆率限制

对于工作频率比较高的运算放大器，还会受到器件压摆率的限制。器件的压摆率是指单位时间内输出电压的增量，器件的压摆率有一个极限值。正弦信号电压的最高压摆率在电压过零点，如果器件的压摆率跟不上正弦信号的压摆率，不仅输出信号幅度会下降，还会出现严重的波形失真。

3.4.2　频响特性的描述

任何放大电路都只能某一频率范围的信号进行放大，低频电路基本体现为低频段、高频段增益小，中间段增益高，常规的幅频特性曲线如图 3-26 所示，纵、横坐标采用常用对数坐标，以增益下降 3dB 处为截止频率，f_L 是低端截止频率，f_H 是高端截止频率。该放大电路的频带宽度定为 $BW = f_H - f_L$。音频放大电路中，f_L 与 f_H 之间的频响曲线一般比较平坦。

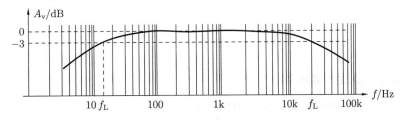

图 3-26　放大电路幅频特性曲线

幅频特性曲线对应音量的增减变化，往往对于幅频特性曲线的描述比较多，而相频特性曲线更多的是对音质的影响，特别是高频段，处理不良会造成声像移位。常规放大器的相幅频特性曲线如图 3-27 所示，横坐标也采用常用对数坐标。

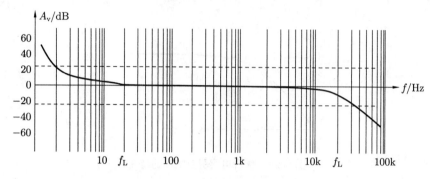

图 3-27　放大电路幅频特性曲线

通常认为人耳能够听到的声音频率范围是 20Hz ～ 20kHz，要说明的是这只是听纯音的频率，实际 20Hz 以下的信号对主观感觉很重要，如听觉上能够感受的颤音就是包含了 20Hz 以下的低频。因此,声音重放系统应该有尽量低的低截止频率，仍能够重放直流成分。同样，高端频率也不能局限于 20kHz。大信号放大电路一旦受到器件压摆率限制，尚未达到 −3dB 的高端截止频率波形已经开始畸变。为了让输出信号在可听频率范围内基本不失真，放大器 −3dB 的高端截止频率必须远高于 20kHz。

实　验

1. 晶体三极管放大电路实验

自行选择一个晶体三极管放大电路在面包板上搭建，通以单 12V 电压，先建立合适的静态工作点，再输入音频正弦小信号，测量放大电路的电压增益 A_v、输入电压 R_i、输出电阻 R_o 三大参数。

2. 场效管放大电路实验

自行选择一个场效管放大电路在面包板上搭建，通以单 12V 电压，先建立合适的静态工作点，再输入音频正弦小信号，测量放大电路的电压增益 A_v、输入电压 R_i、输出电阻 R_o 三大参数。

3. 运算放大器放大电路实验

选择同相比例放大电路或反相比例放大电路之一，在面包板上搭建实验电路，通以双 12V 电压，先用正弦信号源输入，测量放大电路的电压增益 A_v、输入电压 R_i、输出电阻 R_o 三大参数。

改用 MIC 作为输入信号源,对着 MIC 发声,观察放大电路输出波形曲线。

本实验可以采用 LM358 或 NE5532 运算放大器芯片。

4. 多路信号混合放大实验

仍然以双电源供电方式,用独立双通道信号源在运算放大电路中输入两个频率相差一倍的音频信号,适当控制两个信号的增益,如分别控制在 10 倍和 20 倍电压增益,用示波器观察并测量输出信号波形和幅度,记录波形图,从中了解波形合成效果。

本实验可以采用 LM358 或 NE5532 运算放大器芯片。

5. 单电源运算放大器电路

在单电源供电的运算放大电路中,需要单独设置直流工作电位。

首先在面包板上搭建低增益放大电路,不另外设置直流电位,直接采用单电源供电,用信号源输入音频正弦信号,观察放大电路输出信号波形。此时,必定是一个失真的半周波形。

然后切断输入信号和电源,用电阻分压方式在同相端加上一个合适的直流电位(请预先计算电位值),让输出端的静态电位约处于电源电压的一半值。再通上电源和输入信号,观察并测量输出波形及幅度,与理论计算值进行对比。

本实验可以采用 LM358 运算放大器芯片,示波器应该置于直流测量功能。

6. 考察负反馈在改善信号失真中的作用

运算放大电路都包含有线性负反馈网络,合适的负反馈结构可以改善失真。分别测试实图 3-1 和实图 3-2 两个放大电路的输出信号波形失真情况,总结消除非线性失真的一般规律。

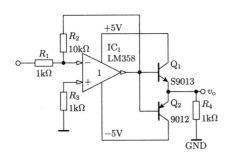 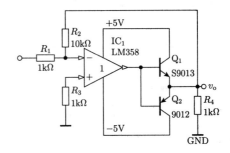

实图 3-1　非线性放大电路　　　　　实图 3-2　线性放大电路

本实验可以采用 LM358 运算放大器芯片,用 ±5V 双电源供电。

[思考与练习]

1. 小信号放大电路的静态工作点设置对输出信号动态范围有何影响?

2. 三极管放大电路中输出信号只出现正峰切割失真,应该如何调整静态工作点才能消除这一失真？

3. 请采用电路基本定律导出运放大器减法电路的电压传递关系式。

4. 什么电路需要用到隔离放大器？

5. 非线性光耦是如何实现信号线性传输的？

6. 放大电路所传输信号的高截止频率主要受什么器件制约？

7. 音频放大器的带宽与音质的关系如何？

8. 双电源运放芯片如何在单电源条件下使用？

9. 如题图 3-1 所示电路是单电源运放电路的直流电位设置电路，若要使得运放输出端静态电位设定为 6V，请确定直流偏置电阻 R_3、R_4 的阻值。

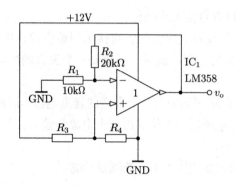

题图 3-1　运放直流偏置电路

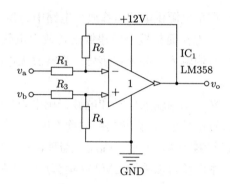

题图 3-2　差分放大电路

10. 请计算如题图 3-2 所示的差分放大电路的电压传递关系。

11. 请计算题图 3-1 所示电路用作同相放大和反相放大时的输入等效电阻。

12. 如题图 3-3 所示的 MIC 信号放大电路，实际测量到从电位器 R_9 输出的最大电压增益为 66 倍（1kHz），请分析其合理性。

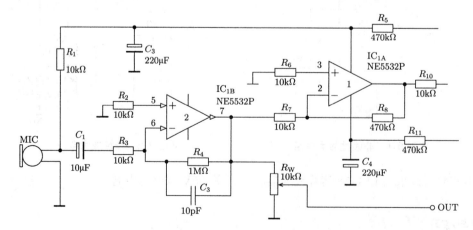

题图 3-3　MIC 信号放大电路

13．对于题图 3-4 所示的电路，当 MIC 输入信号较大时，出现音量电位器 R_9 输出端的电位在最高至最低两个极限值之间摆动，即运放输出端电位振荡在正、负极限值上，请分析原因，提出改进电路的简便方法。

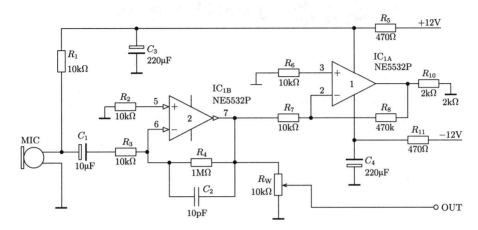

题图 3-4　MIC 信号放大电路

第4章　功率放大电路

小信号放大电路的输出功率十分微小，在音响系统中为了得到一定的输出响度，送至扬声器的功率需要足够大，因此，连接扬声器的电路应该具备输出功率大的特点，这一类电路称为功率放大电路。根据功率计算式，要在电压有限的条件下获得较大功率，只有减小负载阻抗，目前扬声器的阻抗一般为 $4 \sim 8\Omega$，因而功率放大器的输出电压和输出电流幅度都较大，需要讨论大动态范围的线性度问题。

4.1　OCL 功率放大电路

功率放大器按输出级静态工作点的位置可分为甲类、乙类、甲乙类、丙类、丁类等几类。小信号线性放大电路就是甲类工作方式，甲类功放的静态工作点在交流负载线的中点，如图 4-1 所示的 $Q_甲$，理想化的最大效率只有 50%；乙类功放的静态工作点设在交流负载线上横坐标轴以下的一点，如图 4-1 所示的 $Q_乙$，其理想化的最大效率可达到 78.5%；甲乙类功放的静态工作点设在放大区与截止区的临界处，静态时有较小的电流流过输出管，它克服了输出管死区电压的影响，消除了交越失真。

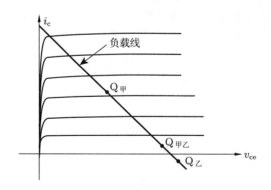

图 4-1　功率放大电路的类别特征

若按照输出级与负载的耦合方式，甲乙类功放又分为电容耦合（OTL 电路）、直接耦合（OCL 电路）和变压器耦合三种。传统的功率放大输出级常常采用变压器耦合方式，其优点是方便阻抗匹配，但由于变压器体积庞大，比较笨重，消耗有色金属，而且在低频和高频部分产生相移，使放大电路在引入负反馈时容易产生自激振荡，所以目前音频功率放大器基本采用无输出变压器的 OTL 或 OCL 结构。

4.1.1 OCL 功率放大电路基本结构

1）OCL 功率放大电路基本结构

功率放大电路实际是承担电流放大功能，因为它的输出电流和输出电压幅度较大，被称作功率放大电路。为了提高电路工作效率，采用两只功率管互补工作方式，基本电路结构如图 4-2 所示，Q_1 和 Q_2 分别是同规格的 NPN 型和 PNP 型三极管，最好是音频放大专用的配对三极管。

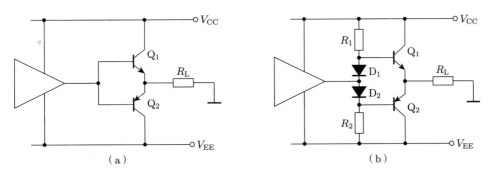

图 4-2　OCL 功率放大电路基本结构

图 4-2（a）中的三极管基极未设置静态导通电压，输入正弦交流信号时，信号电压低于基极门限电压部分无法通过三极管 Q_1、Q_2 输出，造成交越失真现象，如图 4-4 所示。为了消除效越失真，图 4-2（b）中接入了两只二极管 D_1、D_2，使得静态下三极管基极电位达到能够导通状态，让三极管 Q_1、Q_2 工作在甲乙类。输入正弦交流信号后，能够全角度导通。

2）OCL 功率放大电路工作原理

OCL 功率放大电路由对称的正负双电源供电，静态下输入、输出端电位均为 0V，在此基础上输入正弦交流信号。

对于图 4-2（a）结构三极管 Q_1 基极静态电位也为 0V，输入信号电压幅度超过（或低于）三极管的发射结门限电压后才产生基极电流 i_b 和集电极电流 i_c，并流经负载电阻 R_L。正弦交流信号正半周期电流由 Q_1 提供，如图 4-3（a）所示，负半周期电流由 Q_2 提供，如图 4-3（b）所示，在负载上得到全周期的电压，图 4-4 中输出波形存在交越失真。因三极管发射结的导通电压基本恒定在 0.7V 不变，三极管导通之后输入端再增加的电压幅度完全输出给了负载 R_L。

对于图 4-2（b）中三极管 Q_1 基极静态电位预先增加至门限电压值，三极管已经导通，输出信号的幅度将完全跟随输入信号的幅度而变化。流经负载电阻 R_L 的正弦交流信号正半周期电流由 Q_1 提供 ［图 4-3（a）］，负半周期电流由 Q_2 提供 ［图 4-3（b）］，在负载上得到全周期完整的电压，如图 4-4 所示，输出波形无交越失真。因三极管发射结的导通电压预先已经设置，信号电压不再分配给三极管，完全输出给了负载 R_L。

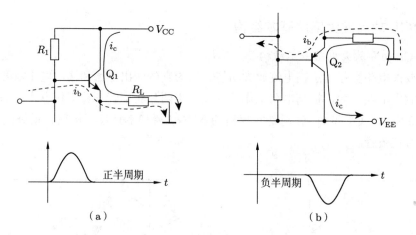

图 4-3　OCL 电路信号电流分配

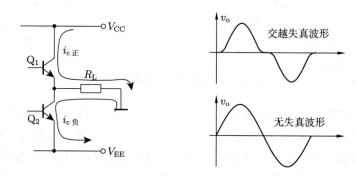

图 4-4　OCL 电路负载电流合成

从电压传递关系上看，OCL 功率放大电路属于射极输出器电路。消除交越失真后，输出的信号电压幅度等于输入信号电压幅度，输出信号相位与输入信号同相。

线性动态范围：只要三极管工作状态处于放大区，信号都得以线性传递。但电源电压有限，当输出信号的电压幅度增加，三极管的 V_{CE} 值下降，V_{CE} 值降至饱和电压值时，三极管就失去了电流放大作用，在前一级电路内阻的影响下，输出信号电压幅度将不再增加，出现波形顶部被削平的现象，即饱和失真。因此，这一类电路的动态范围为（V_{CC} - V_{CES}）～（V_{EE} - V_{CES}）。

3）OCL 功率放大电路基本参数计算

以正弦交流信号为标准信号，计算功率放大电路最基本的输出功率、电源功率、工作效率三大指标。

（1）放大器输出功率 P_o。

计算功率放大电路输出功率是在给定负载阻抗时进行的，并且电压是容易获取的另一个决定功率大小的参数，因此，通常用电压和阻抗两个变量计算输出功率：

$$P_o = \frac{V_o^2}{R_L} = \frac{V_{om}^2}{2R_L} \qquad (4\text{-}1)$$

式中，V_{om} 是负载上信号电压的峰值，实际数据容易从示波器上获得。给定电源电压后，负载上最大不失真信号电压为 $(V_{CC} - V_{CES})$，则功率放大器的最大不失真输出功率为：

$$P_{om} = \frac{(V_{CC} - V_{CES})^2}{2R_L} \tag{4-2}$$

式中，V_{CES} 是功率三极管的饱和压降。此功率又称为功率放大器的额定功率，是功率放大器的最主要参数。

（2）电源供给的功率 P_E。

根据能量守恒定律，电路工作所需要的所有功率都是由电源供给，包括输出功率 P_o、功率管耗散功率 P_T，即 $P_E = P_o + P_T$。

以双电源功率电路为例，电路对称工作，正、负电源提供相等的功率，每一个电源的供电电流 i_E 为正弦波的半个周期，电源平均电流 I_E 为：

$$I_E = \int_0^{2\pi} i_E \mathrm{d}t = \int_0^{\pi} \frac{V_{om} \sin \omega t}{R_L} \mathrm{d}t = \frac{1}{\pi} \frac{V_{om}}{R_L}$$

两个电源供给的总功率为：

$$P_E = 2V_{CC} I_E = \frac{2}{\pi} \frac{V_{CC} V_{om}}{R_L} \tag{4-3}$$

式中，V_{om} 是放大器输出信号的峰值。

（3）每一个功率三极管耗散功率 P_T。

$$P_T = \frac{P_E - P_o}{2} = \frac{1}{\pi} \frac{V_{CC} V_{om}}{R_L} - \frac{V_{om}^2}{4R_L} \tag{4-4}$$

（4）放大电路工作效率 η。

一般情况下放大电路工作效率为：

$$\eta = \frac{P_o}{P_E} = \frac{\pi}{4} \frac{V_{om}}{V_{CC}} \tag{4-5}$$

理想情况下 $V_{om} = V_{CC}$，此时工作效率为：

$$\eta_m = \frac{\pi}{4} = 78.5\%$$

4.1.2　由线性集成芯片构成 OCL 功率放大电路

功率放大器的主流是集成化和模块化。集成 OCL 功率放大器有许多型号可供选择，如 TDA 系列、LM 系列等。TDA1521 是早期的高品质双通道功放，额定输出功率为 12W×2，常用于计算机音响系统的音频功率放大；TDA2030 是单通道功放，额定输出功率为 20W，可用于普通的小功率音响系统；TDA7294 是高品质单通道功放，额定输出功率达到 70W，用于家庭音响系统中；LM4766 是高品质双通道功放，额定输出功率达到 $30W \times 2$，也用于家庭音响系统中；LM1875 是高品质单通道功放，额定输出功率为 20W。

1）TDA1521 的简单应用

TDA1521 的性能指标较好，是一块高保真双声道集成功放电路，单列结构封装，常用于高处机音响系统。其主要参数：$V_{CCmax} = \pm 20V$，$P_{omax} = 12W \times 2$，$f = 20kHz$，$R_L = 8\Omega$，$R_i = 14k\Omega$，$THD = 0.5\%$（谐波失真）。TDA1521 简单的典型应用电路如图 4-5 所示。

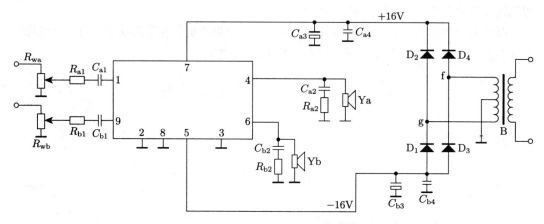

图 4-5　TDA1521 典型应用电路

图 4-5 中 R_{wa}、R_{wb} 为音量调节电位器，一般取为 22kΩ。D_1、D_2、D_3、D_4 组成桥式整流电路，将变压器送来的双路交流电压转换成双路直流电压，为 TDA1521 供电。实验时，可以直接用双路稳压电源供电。C_{a3}、C_{b3} 为电源滤波电容，一般取为 3300μF 以上，容量越大，电源的纹波越小，有利于减小输出的低频轰鸣声。

测试前要注意：TDA1521 必须加装散热器，并且其自身散热片未作绝缘处理，不能直接接地，是这款芯片在应用上的一大弱点。接上电源后，TDA1521 输出端口在静态时应该处于零电位值。

2）基于 LM1875 的双通道功率放大电路

LM1875 是单通道功率放大器（图 4-6），工作电压 16 ~ 60V，若连接成 OCL 电路，工作电压取 ±（8 ~ 30）V，带宽 70kHz，开环电压增益 90dB。

图 4-7 是采用两块 LM1875 芯片所构成的 OCL 双声道功率放大电路。两路音频信号从两个单电位器上输入，R_4 和 R_{15} 决定上通道放大电路的电压增益，R_6 和 R_{16} 决定下通道放大电路的电压增益。低截止频率由 C_{15} 和 R_{15}（C_{16} 和 R_{16}）控制，高截止频率由 C_9 和 R_7（C_{10} 和 R_8）控制。

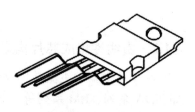

图 4-6　LM1875 芯片

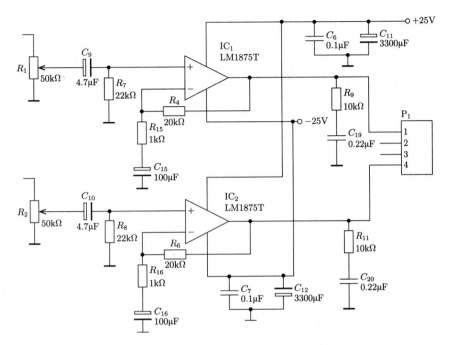

图 4-7 基于 LM1875 的双通道功率放大电路

应用集成功率放大芯片后，功率电路十分简洁，其性能相对于分立器件组合式要稳定得多。但集成功率放大芯片的输出口饱和压降往往远高于三极管或场效应管，工作效率要低于分立器件组合。使用集成芯片时，所施加电源电压等一些外部条件必须符合器件的指标要求。集成功率放大芯片除了放大功率之外，还具有很大的信号电压放大能力，电压放大量可以参考运算放大器电路的计算方法，图 4-7 的电路中，信号电压增益基本等于 $(1+R_6/R_{16})$。

4.2 OTL 功率放大电路

OTL 功率放大电路是单电源供电的功率电路。OTL 功率放大电路和 OCL 功率放大电路工作方式上没有本质区别，所有的 OCL 功率放大电路都可以边接成 OTL 结构。OTL 电路可视为用输出耦合电容进行分压的 OCL 电路，如图 4-8 所示。电路中预先将信号输入点的静态电位控制在电源电压的一半值上，这样电容 C 上就获得了 $V_{CC}/2$ 的静态电压，作为三极管 Q_2 的工作电压。

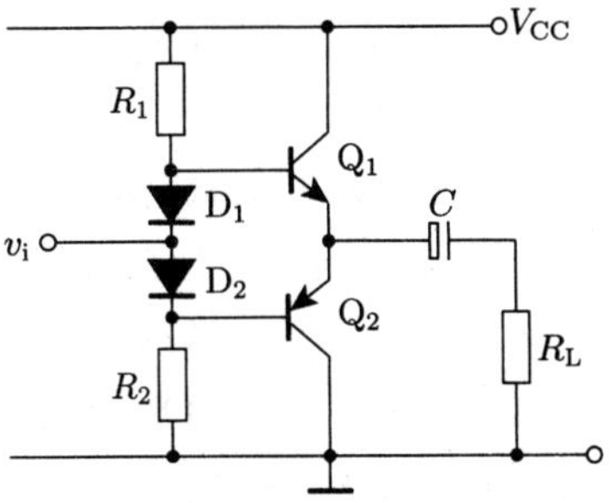

图 4-8 OTL 电路结构

4.2.1 分立元件组成的 OTL 功率放大器

学习 OTL 功率放大电路需要理解内部电路工作原理，把握电路中电流、电压的变化规律，应该从分立式元件电路切入。

1）OTL 功率放大电路典型结构与工作原理

图 4-9 是典型的分立元件 OTL 功率放大电路。图 4-9 中三极管 Q_1 为电压推动放大管，Q_2、Q_3 是 NPN 和 PNP 互补型管，它们功率组成输出级。R_{w1} 是级间反馈电阻，形成直、交流电压并联负反馈。静态时，调节 R_{w1} 使输出端 O 点的电位为 $V_{CC}/2$，并且由于负反馈的作用使 O 点的电位稳定在这个数值上，此时，耦合电容 C_3 和自举电容 C_2 上的电压都将充电到近 $V_{CC}/2$。

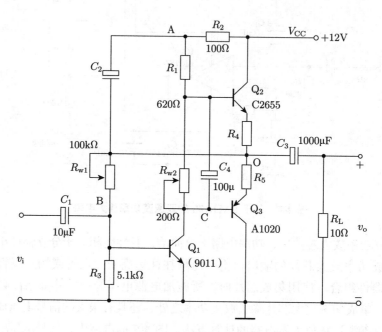

图 4-9　OTL 功率放大器电路

三极管 Q_1 通过 R_{w1} 取得直流偏置，其静态工作点电流 I_{C1} 流经 R_{w2} 所形成的压降 $V_{Rw2} \approx 1.2V$，作为 Q_2 和 Q_3 的偏置电压，使输出级工作在甲乙类状态。

C_2 和 R_2 组成自举电路，目的是在输出正半周时，利用 C_2 上电压不能突变的原理，使 A 点的电位始终比 Q_2 发射极 O 点的电位约高出 $V_{CC}/2$，以保证 Q_2 在 O 点电位上升时仍能充分导通。

R_1 是 Q_1 的负载电阻，它的大小将影响电压推动级的放大倍数。

当输入交流信号时，Q_1 集电极输出放大了的电压信号，其正半周使 Q_2 趋向导通，Q_3 趋向截止，电流由 V_{CC} 经 Q_2 的集、射极通过 C_3（自上而下）流向负载电阻 R_L，并给 C_3 充电。当负半周时，Q_3 趋向导通，电容 C_3 放电，电流通过 Q_3 的发射极和集电极反向（自下而上）流过负载 R_L。因此，在 R_L 上形成完整的正弦波形，如图 4-10 所示。

图 4-9 中，$R_C = R_1 + R_2$。应该指出的是，相对于 R_1 与的阻值，R_2 阻值不应太大，否则将造成 Q_2 和 Q_3 交流激励电压大小不一，使输出波形失真，解决的办法是在 Q_2 和 Q_3 的基极上并一电容 C_4（图 4-10），短路交流信号，以便使 Q_2、Q_3 的交流电压完全对称。

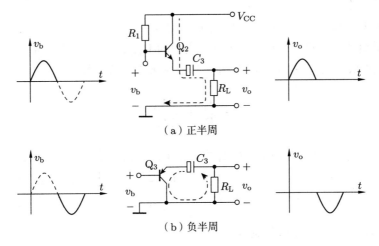

（a）正半周

（b）负半周

图 4-10　OTL 功率放大电路波形图

2）OTL 功率放大电路主要参数计算

（1）输出功率 P_o。

从本质上看，输出功率从负载上进行计算，与电路类型结构无关，因此，计算方法与 OCL 电路的一致。

$$P_{omax} = \left(\frac{V_{om}}{\sqrt{2}}\right)^2 \Big/ R_L = \frac{1}{2}\frac{V_{om}^2}{R_L}$$

如果忽略晶体管饱和压降的影响，当交流信号足够大时，V_{om} 的最大值为 $V_{CC}/2$。如果负载阻抗为 8Ω，电源电压 12V，则功放电路的额定输出功率必定小于 2.25W。

（2）电源供给功率 P_E。

对比 OCL，可以理解作功率放大电路只是单电源工作或者是工作电压减半的 OCL 工作方式，因此，可以用 $V_{CC}/2$ 代入计算式（4-2），得到 OTL 功率放大电路的电源供给功率计算式（4-6）。可见 OTL 功率放大电路的电源供给功率是相应 OCL 电路的一半。

$$P_E = \frac{1}{\pi}\frac{V_{CC}V_{om}}{R_L} \tag{4-6}$$

（3）管耗 P_T。

每一个管子的工作电压相比 OCL 电路减少了一半，因此，第一个晶体管和耗散功率也是 OCL 电路的一半。

$$P_T = \frac{P_E - P_o}{2} = \frac{1}{2\pi}\frac{V_{CC}V_{om}}{R_L} - \frac{V_{om}^2}{4R_L} \tag{4-7}$$

末级每一个三极管的最大管耗：$P_{Tmax} \approx 0.2P_{omax}$。

（4）功率电路工作效率 P_{E}。

同理，用 $V_{\mathrm{CC}}/2$ 代入 OCL 功率放大电路的效率计算式（4-5），得到 OTL 功率放大电路的电源供给功率计算式（4-8）。注意：式中的 $V_{\mathrm{om}} < V_{\mathrm{CC}}/2$，同 OCL 功率电路一样，这一电路的理想效率为 $\eta = 78.5\%$，实际工作效率远小于这一数值。

$$\eta = \frac{P_{\mathrm{o}}}{P_{\mathrm{E}}} = \frac{\pi}{2}\frac{V_{\mathrm{om}}}{V_{\mathrm{CC}}} \qquad (4\text{-}8)$$

由上述计算式不难发现，输出三极管的管耗正比于输出功率。当要求输出功率很大时，管耗也必然很大，这时必须选择大功率管作为输出管。但选择特性完全一样的大功率异型管是较困难的，所以常常选用复合管作为输出管而达到输出一定功率的要求。

4.2.2 由集成芯片构成 OTL 电路

电路设计的基本原则是尽量采用大规模集成电路，因此，集成音频功率放大器是设计功放电路的首选器件。功率放大芯片有许多型号可供选择，实际所有的 OCL 芯片都可以连接成 OTL 电路结构，只是小功率场合多采用 OTL 结构，大功率场合多采用 OCL 结构。也有一些是专门为 OTL 结构设计的集成芯片。TDA2822M 是双通道功放，最大输出功率为 1W，常用于耳机放大器；LM386 是单通道功放，最大输出功率为 0.6W，常用于收音机的音频功率放大；TDA1521 是双通道功放，额定输出功率为 12W × 2，常用于计算机音响系统的音频功率放大；TDA2030 是单通道功放，额定输出功率为 20W，可用于普通的小功率音响系统。

由 TDA2822M、LM386 芯片构成的 OTL 功率放大电路如图 4-11 和 4-12 所示。

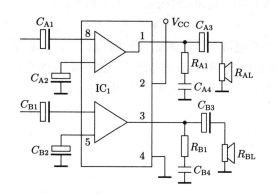

图 4-11 TDA2822M 典型应用电路

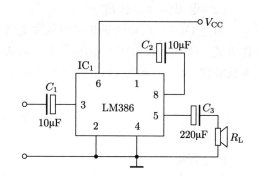

图 4-12 LM386 应用电路

集成芯片在使用中，所施加的电源电压等一些外部条件必须符合器件的指标要求。在了解芯片技术指标的条件下使用该芯片。

4.3　BTL 功率放大电路

4.3.1　BTL 功率放大电路基本结构

BTL 功率放大电路实际上是由两个 OCL（或者 OTL）功率放大电路对称组成。三极管或场效应管都可以构成 BTL 电路，如图 4-13 所示，采用场效应管时输入端的激励功率会小一些，通常认为音色会更好一些。BTL 电路有 3 对接口：电源接口；两个不平衡信号输入接口；平衡式信号输出接口。两个输入端的信号相位互为反相。

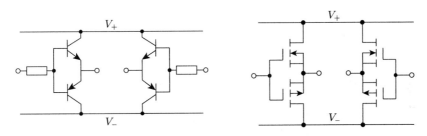

图 4-13　BTL 功率放大电路基本结构

若两条信号输送线对地电位对称的称为平衡输送法；若两条信号输送线中取其中一条作为地线，另一条作为芯线，形成不对称结构，称为不平衡输送法。不平衡输送法具有很强的抗干扰能力，因此，多数信号馈电方式采用不平衡结构，只有这里的 BTL 输出口采用平衡结构。

BTL 电路的供电可以是双电源，也可以是单电源，与输出端口电位无关，但输入端口电位的处理方法不同。

BTL 电路的功率器件比较多，以采用集成器件为妥，除非功率特别大的功率放大器只能采用独立器件组成。

4.3.2　基于 TDA7294 的 BTL 功率放大电路

TDA7294 芯片是单通道功率放大器，构建 BTL 电路时需要两块 TDA7294 芯片，采用 V_{CC}、V_{EE} 正负双电源供电，如图 4-14 所示。工作时还要保证两个通道的信号幅度相等，增益相等，输出相位差 180°。

图 4-14 中 a 通道信号从同相端输入，电压增益为：

$$A_{va} = 1 + \frac{22}{0.68} = 33.4 \text{ 倍}$$

b 通道信号是从 a 通道输出后再回送至反相端，电压增益为：

$$A_{vb} = \frac{22}{0.68 // 22} = \frac{22}{\frac{0.68 \times 22}{22 + 0.68}} = \frac{22 + 0.68}{0.68} = 33.4 \text{ 倍}$$

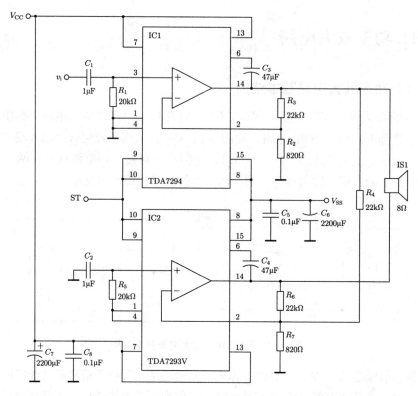

图 4-14 由 TDA7294 构建的 BTL 功率电路

两个通道的电压增益完全相等,输出信号相位相反。改变电阻值比,可以改变电压增益。考虑芯片阻抗后放大电路的输入阻抗约为 17kΩ。信号通频带的低截止频率为:

$$f_{\mathrm{L}} = \frac{1}{2\pi \times 1 \times 10^{-6} \times 17 \times 10^{3}} = 9 \text{ Hz}$$

4.3.3 基于 LM4766 的 BTL 功率放大电路

LM4766 芯片是双通道功率放大器,构建 BTL 电路时只需要一块 LM4766 芯片即可,采用 $+V_{\mathrm{s}}$、$-V_{\mathrm{s}}$ 正负双电源供电,如图 4-15 所示。工作时,也是要保证两个通道的信号幅度相等,增益相等,相位差 180°。

图 4-15 中两个通道的负反馈电阻分别取为 21kΩ 和 20kΩ,是为了获得相等的电压增益。a 通道信号从反相端输入,电压增益为:

$$A_{\mathrm{va}} = \frac{21\mathrm{k}\Omega}{1\mathrm{k}\Omega} = 21 \text{ 倍}$$

b 通道信号是从同相端输入,电压增益为:

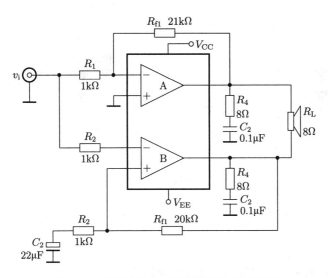

图 4-15　由 LM4766 构建的 BTL 功率电路

$$A_{vb} = 1 + \frac{20k\Omega}{1k\Omega} = 21 倍$$

两个通道的电压增益完全相等，输出信号相位相反。改变反馈网络电阻值比，可以改变电压增益。

最大不失真输出功率：

$$P_{om} = \frac{(V_{CC} - 4)^2}{2R_L}$$

a 通道未设置频率限制，b 通道信号通频带的低截止频率为：

$$f_L = \frac{1}{2\pi \times 22 \times 10^{-6} \times 1 \times 10^{-3}} = 7\ Hz$$

实　验

1. 用晶体管三极管构建对称互补功率放大电路

采用 C9012 和 C9013 两只三极管和若干二极管、电阻、电容器件在面包板上分别连接 OCL 功率放大电路和 OTL 功率放大电路，测量电压增益、输入输出相位关系和信号失真情况。

①连接成 OCL 功率电路（采用双电源供电），并接入直流偏置电路，直接短接两只三极管的基极，用信号源输入 500Hz ～ 1kHz 音频信号，幅度从小开始增大至 $4V_{PP}$，用双踪示波器观察功率电路的输入、输出电压波形。再拆除短路线，比较信号波形变化情况，记录两类输入、输出电压波形。

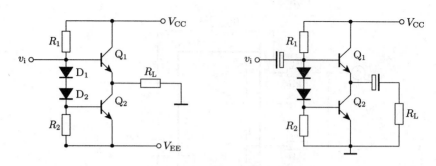

实图 4-1

②将功率电路改接成 OTL 功率电路（采用双电源供电），再测量信号的交越失真波形和正常波形幅度。

2. 用 LM386 集成功率放大芯片连接功率放大电路

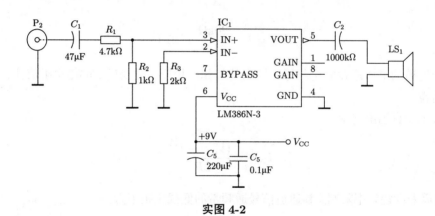

实图 4-2

采用 LM386 集成功率放大芯片在面包板上连接实图 4-2 所示功率电路，输入正弦音频信号，测量功率电路的电压增益和最大输出功率，并计算电路工作效率。工作电压定为 9V，由直流稳压电源提供。

3. 测量基于 TDA7293 集成芯片的功放电路的电压增益和频率响应特性

以基于扩音机的电子技术实验平台中的 TDA7293 功率放大电路为对象，考察功率电路的频响特性。由信号源输入不同频率的正弦信号，采用 10Ω 功率电阻作为负载，将输出功率限制在 5W 以内，记录输出电压幅度随频率变化情况，计算功率放大电路的电压增益，绘制频响特性曲线。注意：功率器件功耗较大，测量时间不宜过长。

[思考与练习]

1. OCL 功率电路产生交越失真的原因是什么？如何消除交越失真？

2. 如题图 4-1 所示电路放大音频信号时会出现交越失真吗？说明理由。

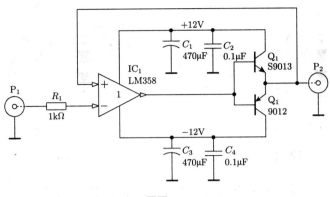

题图 4-1

3. 测量功率放大电路的频响特性时,为何尚未达到放大电路的 $-3\mathrm{dB}$ 高端截止频率时,正弦波就逐渐向三角波变形?

4. 如题图 4-2 所示的带有输出保护开关 K 的 BTL 电路,输入正常幅度的音频信号时,扬声器中无输出声音,用双踪示波器器检查扬声器两端的波形,发现存在经过放大的两个同相位音频信号,试分析其故障原因。

5. 对于题图 4-3 所示的互补对称音频功率放大电路,$\pm 15\mathrm{V}$ 供电,如果输入信号 v_i 的峰值为 $V_\mathrm{CC} - 1.5\mathrm{V}$ 至 $V_\mathrm{EE} + 1.5\mathrm{V}$,负载电阻 R_L 为 10Ω,试计算其最大不失真输出功率和电路工作效率。

6. 对于题图 4-4 所示的互补对称音频功率放大电路,单 15V 供电,负载电阻 R_L 为 10Ω,如果三极管的饱和压降为 1V,试确定输入信号 v_i 峰值的最大范围、功率的最大不失真输出功率和电路工作效率。

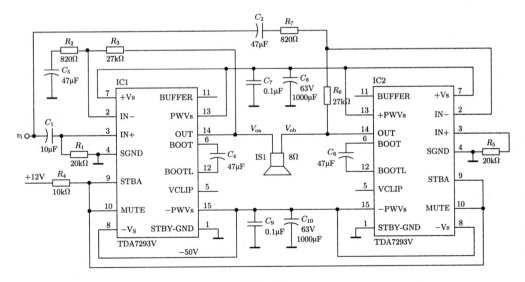

题图 4-2

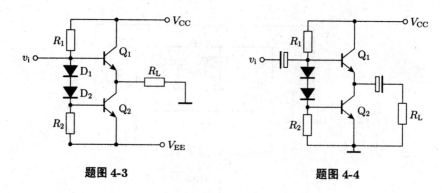

题图 4-3　　　　　　　　题图 4-4

7．分析题图 4-5 所示的推挽式功率放大电路的工作原理，确定三极管的选型要求；若三极管的饱和压降为 1V，计算其最大输出功率。

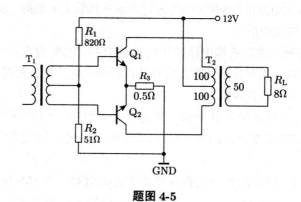

题图 4-5

第5章　音调控制与滤波

音调控制实际是微调信号不同频率成分的传输比，采用的核心技术是利用一阶或二阶滤波特性。信号分频往往采用二阶及以上的滤波电路。本章的重点是一阶和二阶滤波电路的结构以及各自的工作特性，高阶滤波电路作为了解内容。

5.1　滤波与分频

滤波电路是根据电路的频响特性，选择信号的某一段频率，或者衰减信号的某一些频率。既然滤波电路对信号频率有所选择，就可以用滤波电路对信号进行分频处理，将不同频段的信号送往不同的电路或者负载。

在实际的电子系统中，输入信号往往包含有一些不需要的频率成分，必须设法将它衰减到足够小的程度，或者把有用信号挑选出来。为此目的所采用的电路称为滤波器。滤波器就是选频电路，能够使得有用频率的信号通过，而同时抑制无用频率的信号。这里所述的主要是由运放和 R、C 等元件组成的有源模拟滤波器，目前，它在音响线路等低频电路中应用较广。

5.1.1　无源滤波电路

无源滤波电路是所有滤波电路的基础，决定了滤波电路的基本特性。

1）一阶 RC 无源滤电路

在声音重放系统中，根据电路系统设计的需要会引入一阶 RC 电路。如多级放大电路中间的信号耦合通道会加入电容器，与后级放大电路的输入电阻一起构成了一阶高通电路，如图 5-1 所示。图 5-2 是一阶 RC 低通电路的基本结构。无论是有意还是无意间加入的 RC 电路，二者都具滤波特性，并等效于图 5-1 和图 5-2 所示的两个滤波电路。

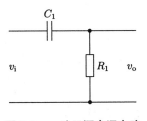

图 5-1　一阶无源高通电路

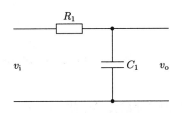

图 5-2　一阶无源低通电路

通常滤波电路的输入输出电压关系用传递函数描述，反映了滤波电路的基本特性。一阶高通电路的传递函数为：

$$v_{\mathrm{o}} = \frac{j\omega R_1 C_1}{1 + j\omega R_1 C_1} v_{\mathrm{i}}$$

一阶低通电路的传递函数：
$$v_{\mathrm{o}} = \frac{1}{1 + j\omega R_1 C_1} v_{\mathrm{i}}$$

用曲线描述以上传递函数，可以比较直观地理解一阶滤波电路的幅频特性。图 5-3 所示的曲线是一阶低通滤波电路的幅频特性，图 5-4 所示的曲线是一阶高通滤波电路的幅频特性。电压传输比随频率渐变，通常以截止频率 f_0 为分界点，在 f_0 以外衰减部分的衰减速度加快，最终的衰减率为 $-20\mathrm{dB}/$ 十倍程。

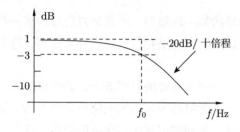 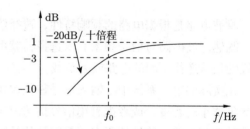

图 5-3　一阶低通幅频特性曲线　　　　图 5-4　一阶高通幅频特性曲线

一阶电路的截止角频率为：

$$\omega_0 = \frac{1}{R_1 C_1} \tag{5-1}$$

2）二阶 LC 无源滤波器

二阶电路具有谐振特性，应用二阶滤波电路时，最重要的 3 个参数是电压传递函数、特征角频率 ω_0 和品质因数 Q（图 5-5、图 5-6）。

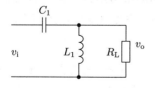 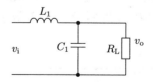

图 5-5　LC 高通滤波电路　　　图 5-6　LC 低通滤波电路

二阶高通电路的传递函数：$v_{\mathrm{o}} = \dfrac{\omega^2 R_{\mathrm{L}} L_1 C_1}{R_{\mathrm{L}} + \omega^2 R_{\mathrm{L}} L_1 C_1 - j\omega L_1} v_{\mathrm{i}}$

特征角频率：
$$\omega_0 = \sqrt{\dfrac{1}{L_1 C_1 - (L_1/R_{\mathrm{L}})^2}} \qquad (5\text{-}2)$$

品质因数：
$$Q = \dfrac{R_{\mathrm{L}}}{\omega_0 L_1} \qquad (5\text{-}3)$$

二阶低通电路的传递函数：$v_{\mathrm{o}} = \dfrac{R_{\mathrm{L}}}{R_{\mathrm{L}} - \omega^2 R_{\mathrm{L}} L_1 C_1 + j\omega L_1} v_{\mathrm{i}}$

特征角频率：
$$\omega_0 = \sqrt{\dfrac{1}{L_1 C_1} - \dfrac{1}{R_{\mathrm{L}}^2 C_1^2}} \qquad (5\text{-}4)$$

品质因数：
$$Q = \omega_0 R_{\mathrm{L}} C_1 \qquad (5\text{-}5)$$

二阶带通电路如图 5-7 所示，是以 LC 串联谐振电路的阻抗特性所决定的滤波特性，它的传递函数为：

$$v_{\mathrm{o}} = \dfrac{\omega C R_{\mathrm{L}}}{\omega C R_{\mathrm{L}} - j\left(1 - \omega^2 LC\right)} v_{\mathrm{i}}$$

谐振角频率：
$$\omega_0 = \dfrac{1}{\sqrt{LC}} \qquad (5\text{-}6)$$

品质因数：
$$Q = \dfrac{\omega_0 L}{R_{\mathrm{L}}} = \dfrac{1}{\omega_0 C R_{\mathrm{L}}} \qquad (5\text{-}7)$$

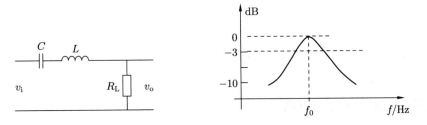

图 5-7　二阶 LC 带通滤波电路及其幅频特性曲线

二阶 LC 带通电路的 $-3\mathrm{dB}$ 通频带为：$BW = \dfrac{f_0}{Q}$ $\qquad (5\text{-}8)$

5.1.2　一阶有源 RC 滤波电路

一阶有源滤波电路的频率特性完全等同于一阶无源滤波电路，其幅频特性曲线如图 5-3 和图 5-4 所示，区别在于源滤波电路具有信号放大能力，使得信号幅度得以提升。在某一频段内对不同频率的信号幅度进行纠正时，往往采用一阶滤波电路，如扩音机中的音调控制电路等。

一阶有源低通滤波器电路如图 5-8 所示。可以证明其频率函数表达式为：

$$A(j\omega) = \frac{R_f}{R_1} \cdot \frac{1}{1 + j\omega R_f C_1}$$

截止角频率为：

$$\omega_0 = \frac{1}{R_f C_1}$$

上限截止频率为：

$$f_{H1} = \frac{1}{2\pi R_f C_1} \qquad (5-9)$$

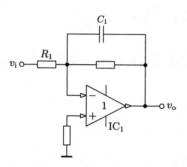

图 5-8　一阶有源低通电路

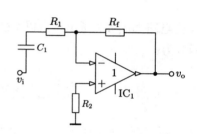

图 5-9　一阶有源高通电路

如果更换图 5-8 中的 C 位置，则可得到一阶有源高通滤波器电路，如图 5-9 所示。其输出电压增益为：

$$A(j\omega) = \frac{R_f}{R_1} \cdot \frac{1}{1 + \frac{1}{f\omega R_1 C_1}}$$

其下限截止频率为：

$$f_{L1} = \frac{1}{2\pi R_1 C_1} \qquad (5-10)$$

5.1.3　高阶有源 RC 滤波电路

最基本的 RC 有源模拟滤波器是一阶和二阶有源滤波器，它们的滤波效率有所不同。一阶有源滤波器只能以 $-20\text{dB}/$ 十倍频程的斜率衰减；二阶有源滤波器可以按 $-40\text{dB}/$ 十倍频程的斜率衰减。二阶有源滤波电路的滤波特性与无源二阶电路有所不同，二阶有源滤波电路还具有谐振特性。

1）二阶有源低通滤波器

二阶有源低通滤波器典型电路如图 5-10 所示。可以证明其频率响应式为：

$$A(j\omega) = \frac{A_{vf}}{1 - \left(\frac{\omega}{\omega_0}\right)^2 + j\frac{1}{Q}\frac{\omega}{\omega_0}} \qquad (5-11)$$

其中品质因数：
$$Q = \frac{1}{3 - A_{\mathrm{vf}}} \qquad (5\text{-}12)$$

特征角频率：
$$\omega_0 = \frac{1}{RC} \qquad (5\text{-}13)$$

式中，放大器增益 $A_{\mathrm{vf}} = 1 + \dfrac{R_4}{R_3}$；$R$ 是指图 5-10 中的 R_1 和 R_2；C 是指图 5-10 中的 C_1 和 C_2，这里 $R_1 = R_2$，$C_1 = C_2$。

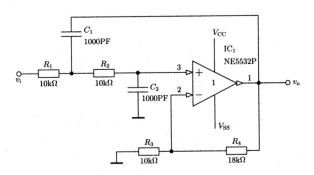

图 5-10　二阶有源低通滤波电路

这里将 ω_0 称作特征角频率，它不同于一般意义上的谐振频率和截止频率，只有当 $Q = 0.7$ 时的 $-3\mathrm{dB}$ 截止角频率正好等于 ω_0，定为二阶有源低通电路的上限截止角频率。大于 ω_0 的频段以每 10 倍频程衰减 $40\mathrm{dB}$。

幅频特性曲线与 Q 值的关系如图 5-11 所示。当 Q 值增大时，频率在 f_0 附近的信号增益有提升作用，随着 Q 值的增大，提升峰点频率从略低于 f_0 往 f_0 点靠近，即 Q 值很大时，f_0 就是幅度被提升至最高的频率点。

特征频率计算式：
$$f_0 = \frac{1}{2\pi R_1 C_1} \qquad (5\text{-}14)$$

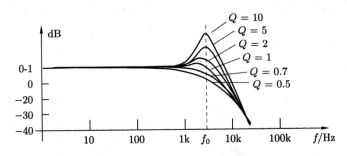

图 5-11　二阶低通滤波电路幅频特性曲线

受品质因数限制，二阶滤波电路的电压增益不宜设计得过高，若增益达到 3 倍及以上就成为了振荡电路，此时 Q 值为负。多数情况下将品质因数 $Q = 1.0$ 为妥。

2）二阶有源高通滤波电路

如果将图 5-10 中的 R 和 C 位置互换，则可得到二阶有源高通滤波器电路，如图 5-12 所示。电阻 R_3、R_4 控制放大器的增益，元件 R_1、R_2、C_1、C_2 决定截止频率大小。

二阶有源高通滤波电路频率响应式为：

$$A(j\omega) = \frac{A_{\mathrm{vf}}}{1 - \left(\frac{\omega_0}{\omega}\right)^2 - j\frac{1}{Q}\frac{\omega_0}{\omega}} \qquad (5\text{-}15)$$

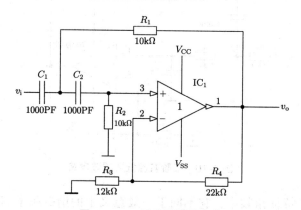

图 5-12　二阶高通滤波电路

品质因数：
$$Q = \frac{1}{3 - A_{\mathrm{vf}}} \qquad (5\text{-}16)$$

特征频率：
$$f_0 = \frac{1}{2\pi R_1 C_1} \qquad (5\text{-}17)$$

二阶有源高通滤波电路频率响应曲线的特征有以下几点：当 Q 值为 0.7 时，$-3\mathrm{dB}$ 截止角频率正好等于 ω_0；当 Q 值大于 1.0 时，存在输出电压提升峰点，峰点角频率略高于 ω_0，当 Q 值很大时，电压峰点角频率为 ω_0；低于截止频率的频段中，电压衰减量为每 40dB/10 倍频程。

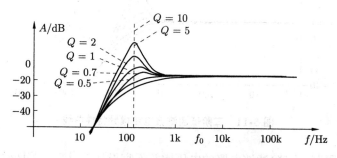

图 5-13　二阶低通滤波电路幅频特性曲线

同样，受品质因数限制，这一电路的电压增益也不宜设计得过高，若达到 3 倍及以上就成为了振荡电路。用作滤波时基本上将品质因数 Q 确定为 1.0；用作选频时品质因数 Q 可以再大一些。同样，这里 $R_1 = R_2$，$C_1 = C_2$。

3）二阶有源带通滤波电路

若选取某一段的频率，就得使用带通波波器。一种是宽带滤波器，由高通电路与低通电路联合组成，如图 5-14 所示；另一种是窄带滤波器，如图 5-15 所示的二阶有源带通滤波电路。

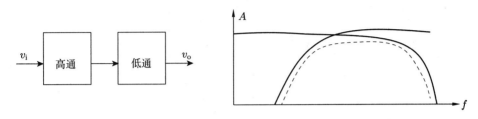

图 5-14　宽带滤波频率特性

（1）宽带滤波器。由高通、低通电路组成的宽带带通滤波电路，其高通电路的截止频率要远低于低通电路，从而形成高通、低通之间的通频带。

例：设计一个 100Hz ~ 9kHz 的带通滤波器，要求频带外频率衰减率大于 30dB/10 倍频程，输出电压不小于输入电压。

根据大于 30dB/10 倍频程衰减量的要求，必须要选用二阶电路，因要求输出电压不小于输入电压，应采用有源滤波电路，且较宽的频带需选用两个滤波电路组合，如图所示，高通电路的下截止频率为 100Hz，低通电路的上截止频率为 9kHz；一般情况下可将两者的品质因数 Q 均确定为 1.0。

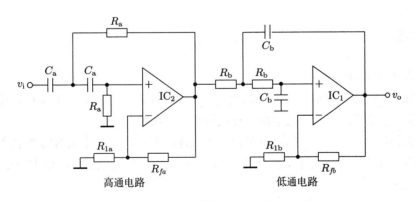

图 5-15　带通滤波电路

根据 $Q = \dfrac{1}{3 - A_{vf}}$，有 $A_{vf} = 2$，则 $R_f = R_1$，可以取为 $10\mathrm{k}\Omega$，也可以取为 $20\mathrm{k}\Omega$ 等。

根据 $\omega_0 = \dfrac{1}{RC}$，有 $100 = \dfrac{1}{2\pi R_a C_a}$，即 $R_a C_a = 1.59 \times 10^{-3}$，可以取 $R_a = 15.9\mathrm{k}\Omega$，

$C_a = 0.1\mu F$。同时有 $9 \times 10^3 = \dfrac{1}{2\pi R_b C_b}$，即 $R_b C_b = 1.77 \times 10^{-6}$，可以取 $R_b = 1.77k\Omega$，$C_b = 1nF$。

当然，实际器件参数存在较大误差，这一类电路的带宽指标不可能十分精确，实际应用中器件参数只要接近计算值即可。

（2）窄带滤波电路。窄带滤波可以采用反馈式滤波电路实现，如图 5-16 所示。

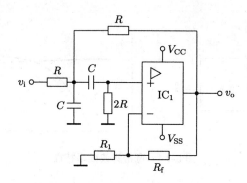

图 5-16　二阶有源带通滤波电路

二阶有源带通滤波电路的频率响应式为：

$$A(j\omega) = \frac{A_{vf}}{\dfrac{1}{Q} + j\left(\dfrac{\omega}{\omega_0} - \dfrac{\omega_0}{\omega}\right)} \tag{5-18}$$

其中品质因数：

$$Q = \frac{1}{3 - A_{vf}} \tag{5-19}$$

特征角频率：

$$\omega_0 = \frac{1}{RC} \tag{5-20}$$

4）二阶有源带阻滤波电路

与带通滤波电路作用相反，带阻滤波电路是用来抑制或衰减某一频段的信号。这种滤波电路又称陷波电路。带阻滤波电路也有宽带和窄带两种。

（1）宽带陷波电路。宽带陷波电路由一个高通滤波电路和一个低通滤波电路构成，高通滤波电路的截止频率远高于低通滤波电路，这样就在高低截止频率之间形成了带阻区，如图 5-17 所示。

宽带陷波电路实际使用较少，用得更多的是窄带滤波。

（2）窄带陷波电路。图 5-18 中的滤波网络采用双 T 网络，是一个经典的滤波电路。

二阶有源带阻滤波电路的频率响应式为：

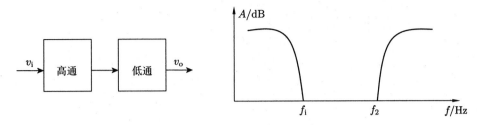

图 5-17　宽带陷波器频率特性

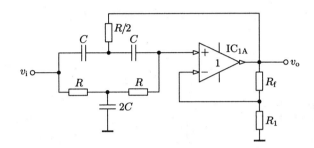

图 5-18　双 T 网络带阻滤波电路

$$A(j\omega) = \frac{A_{vf}\left[1 - \left(\dfrac{\omega}{\omega_0}\right)^2\right]}{1 + j\dfrac{1}{Q}\dfrac{\omega}{\omega_0} - \left(\dfrac{\omega}{\omega_0}\right)^2} \qquad (5\text{-}21)$$

其中品质因数：
$$Q = \frac{1}{2(2 - A_{vf})} \qquad (5\text{-}22)$$

特征角频率：
$$\omega_0 = \frac{1}{RC} \qquad (5\text{-}23)$$

ω_0 既是特征角频率，也是带阻滤波电路的中心角频率，此频率下输出信号电压恒为零，与 Q 值无关。式中 $A_{vf} = 1 + \dfrac{R_f}{R_1}$，是反馈放大器电压增益。$Q$ 值影响带宽，当 $A_{vf} = 1$ 时，$Q = 0.5$，带宽为 ω_0 的 2 倍；A_{vf} 越大，Q 值越高，带宽越窄。

二阶滤波电路在音调控制中的应用：利用二阶滤波电路的频率响应特性，对高、低音进行提升或衰减，可以组成比例高低通电路，如图 5-19 所示。图中 R_1 是低音调节电位器，R_2 是高音调节电位器。

5）巴特沃斯四阶滤波器

把两个特征频率相等的二阶高通滤波电路前后级联在一起，就构成了四阶高通滤波电路。同样，把两个特征频率相等的二阶低通滤波电路前后级联在一起，就构成了四阶低通滤波电路。四阶滤波电路又称巴特沃斯滤波器。图 5-20 是两个完全相同的二阶带通电路构成的四阶 RC 有源带通滤波电路。

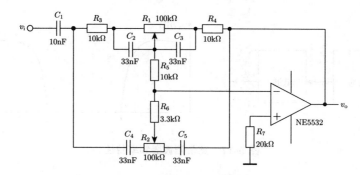

图 5-19　有源高低音控制电路

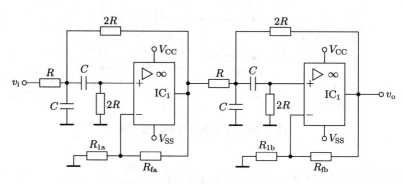

图 5-20　四阶有源带通滤波电路

　　四阶带通滤波电路在通频带之外信号的衰减率为 80dB/ 十倍频程，衰减率较高，其滤波特性更接近于理想化曲线。LTC1068 芯片集成了四通道二阶滤波器单元，若把它的 4 个相同的滤器串联在一起，就可构成八阶巴特沃斯滤波器滤波器，滤波能力更强。

　　四阶 RC 有源滤波电路输出电流能力较小，用于功率电路之前的小信号网络中。在功率电路与扬声器之间，工作电流较大，因而只能采用 LC 类滤波器，在 D 类功率放大电路中，为了提高频率分离度，一般采用四阶巴特沃斯 LC 滤波器，如图 5-21、表 5-1 所示。图中分为左右对称两组，是为了配合对称输出桥式功率电路。

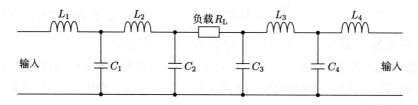

图 5-21　四阶巴特沃斯滤波器

其中：

$$L_1 = L_4 = 0.71 \times \frac{R_1}{\omega_0}$$

$$L_2 = L_3 = 0.54 \times \frac{R_1}{\omega_0}$$

$$C_1 = C_4 = \frac{3.15}{R_L \omega_0}$$

$$C_2 = C_3 = \frac{0.76}{R_L \omega_0}$$

当负载阻抗设为 8Ω，以 20kHz 为截止频率设计滤波器参数时，$L_1 = L_4 = 45\mu H$，$L_2 = L_3 = 34\mu H$，$C_1 = C_4 = 3.1\mu F$，$C_2 = C_3 = 0.8\mu F$。其中 L_1 与 L_4 在 $\mu_r = 60$ 的 $\varphi 27$ 铁硅铝磁环上绕 19 匝获得；L_2 与 L_3 在同样的铁硅铝磁环上绕 16 匝，实测 23μH。

表 5-1　四阶巴特沃斯 LC 滤波器归一化参数组合

截止频率 /kHz	负载阻抗 /Ω	L_1/L_4 /μH	L_2/L_3 /μH	C_1/C_4 /μF	C_2/C_3 /μF
20	8	45	34	3.1	0.8
15	8	63	43	4.7	1.0
10	8	90	69	6.2	1.5

5.1.4　音响系统分频方法

1）功率输出之后分频方案

受扬声器频响特性的限制，需要对音频信号进行分频处理后，再送往对应的扬声器，如高频段信号送高音喇叭，中频段送中音喇叭，低频段送低音喇叭。也有采用两分频方式的，制作成本相对低廉一些。目前普遍采用功率输出后再分频，分频器安装的音箱中，这种方式的好处是功率放大器只使用一台，扩音设备简洁。

由于在功率输出后再进行分频，希望分频器自身不消耗功率，或者只消耗少量功率，因而只能采用 LC 分频器，并且大多数分频电感 L 采用空心电感结构，以获得恒定不变的电感量，也有部分分频电感采用磁芯绕制，因此，分频电感器的导线粗匝数多体积大。图 5-22 是功率放大器之后的三分频网络，将功率放大器的输出信号分成 3 路，R_1、C_1、L_1 组成高通滤波电路，连接高音喇叭，R_2、C_2、L_2 组成带通滤波电路，连接中音喇叭，L_3、C_3、C_4 组成低通滤波电路，连接低音喇叭。

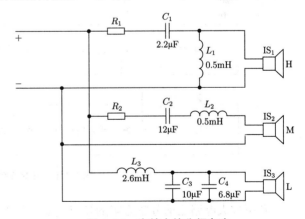

图 5-22　音箱中的分频电路

其中中频带通滤波电路是低 Q 值的单峰幅频特性曲线，如图 5-23 所示，选频特性不够理想，可见，这种滤波方案并不理想。

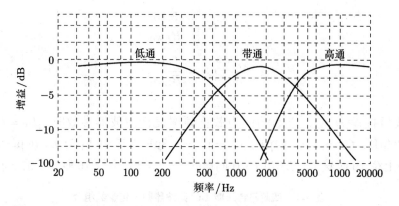

图 5-23 三段滤波特性

2）功率放大之前分频方案

在功率放大前分频是为了把不同频段的信号输至不同功率放大器中，也就是不同频段信号使用不同功率放大器，其好处除了扬声器可以得到比较理想的频率分段外，功率放大器的设置方式也更具针对性。根据图 1-3 所示的弗莱彻芒森等响度曲线，低频段信号放大需要特别大的动态范围，需要更大的输出功率，而对相位偏移的要求不高，尤其是重低音，只有一个声道放大即可；而对于中高音信号的放大，其动态范围相对于低音小得多，功率放大器的功率指标可以降低一些，而对于相位跟踪要更虽准确。至少将重低音的功率放大器独立出来，采用 D 类功率放大器放大，使其具有更高的工作效率和动态范围。

功率放大电路之前进行分频可以采用体积小巧的 *RC* 有源滤波电路。对于一体化的扩音机，一般设置在均衡电路之后进行分频，便于统一控制音量、音色，如图 5-24 所示；对独立的重低音声道，随便设置滤波器插入位置。

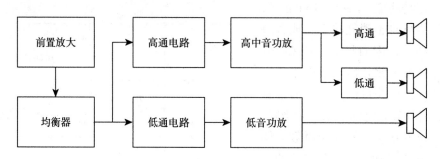

图 5-24 前置分频方案

功率放大电路之前分频方案的缺点是要用到多个功率放大器，使得音响设备数量多或者增加扩音机体积，制作成本变高。折中的处理办法是低音功放独立，中高音功放合用，前置分频分作高、低通两路，后置分频也分作高低通两路，既能够区别对待功率放大器的功率设置问题，又能够保证中音喇叭的带通问题。要注意，这里前置高低通滤波和后置高低通滤波的截止频率不同，如前置高、低通滤波的截止频率设置为 150Hz，后置高、低通的截止频率设置为 3.5kHz，置于音箱中。这样，低音喇叭获得 150Hz 以下的信号，中音喇叭获得 150Hz ~ 3.5kHz 的信号，高音喇叭获得 3.5kHz 以上的信号，频率分离清晰，如图 5-25 所示。

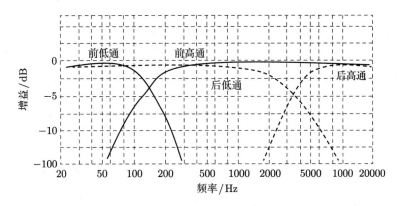

图 5-25　分区段滤波特性

根据弗来彻芝森等响度曲线，低频段信号放大需要特别大的动态范围，需要更大的输出功率，而对相位偏移的要求不高，尤其是重低音，只有一个声道放大即可；而对于中高音信号的放大，其动态范围不大，功率放大器的功率指标可以降低一些，而对于相位跟踪要更加准确。如果将重低音的功率放大器独立出来，采用 D 类功率放大器放大，可以具更高的工作效率和动态范围。

5.2　压控音量音调控制器

所谓音调控制就是人为地改变信号里高、低频成分的比例，以满足欣赏者的爱好，或补偿扬声器系统及放音场所的音响不足。一个良好的音调控制电路，要有足够的高、低音调节范围，但又同时要求高、低音强度调节过程里，中音信号不发生明显的幅度变化，以保证音量基本不变。音量、音调的调节方法有两种：一种是信号直接通过调节电位器；另一种是先用电位器改变直流电压，通过压控制芯片再调节音量、音调。电位器直接调节容易带入电位器接触不良引起噪声，降低音质。压控调节方法可以避免这种电位器接触噪声，还便于实现数字控制、远程控制等，因而被现代音响系统广泛采用。

5.2.1　基于 RC 的衰减式音调控制电路

扩音机里简单的音调控制均采用一阶或二阶、无源或有源的 RC 高通、低通、带通等电路实现。衰减式音调控制电路是以 RC 构成可调式衰减网络，图 5-26 是一款典型的衰减式高、低音强度调节电路。

电路图 5-26 中 C_1、C_2、R_{W1} 构成高音调节器，R_{W1} 的调整触点移向上端时高音提升，移向下端时高音衰减；R_1、R_2、C_3、C_4、R_{W2} 构成低音调节器，R_{W2} 的调整触点移向上端时低音提升，移向下端时低音衰减。R_3 是避免高、低音调节时互相牵制的隔离电阻。

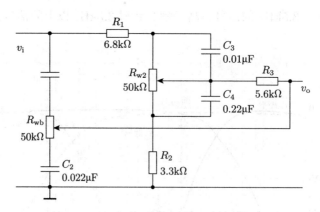

图 5-26　衰减式高低音强度调节电路

高音调节网络的电压传递函数为：

$$A_\mathrm{v} = \frac{kR_\mathrm{W1}\omega C_1 C_2 - jC_1}{kR_\mathrm{W1}\omega C_1 C_2 - j(C_1 + C_2)}$$

组成音调电路的元件值必须满足下列关系：R_1 大于 R_2；R_W1 和 R_W2 的阻值远大于 R_1、R_2；与有关电阻相比，C_1、C_2 的容抗在高频时足够小，在中、低频时足够大，C_1、C_2 能让高频信号通过，但通中、低频信号的能力较弱；而 C_3、C_4 的容抗则在高、中频时足够小，在低频时足够大。C_3、C_4 则让高、中频信号都通过，但通低频信号的能力较弱。R_1 与 R_2 的比值越大，则高、低音的调节范围就越宽，但此时中音的衰减也越大。

5.2.2　基于运算放大器的有源音调控制电路

有源音调控制电路具有信号放大能力，比衰减式音调控制电路的增益高，但其调节的基础还是上 RC 电路的频率特性决定的。图 5-27 是一款典型的有源高、低音强度调节电路，其频率特性曲线如图 5-28 所示。

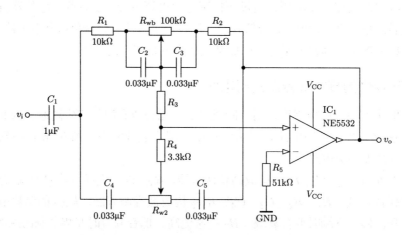

图 5-27　有源高、低音强度调节电路

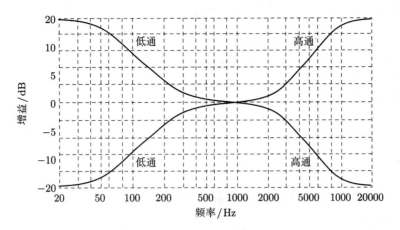

图 5-28　音调控制器的幅频特性曲线

电路图中 R_1、R_{W1}、R_2、C_2、C_3 构成低音调节器，R_{W1} 的调整触点移向左端时低音提升，移向右端时低音衰减；C_4、C_5、R_{W2} 构成高音调节器，R_{W2} 的调整触点移向左端时高音提升，移向右端时高音衰减。R_3、R_4 是避免高、低音调节时互相牵制的隔离电阻，运放输入端电位为地电位，分析电路时高音调节与低音调节可以独立考虑，C_1 是信号耦合电容。

取 $C_2 = C_3$，$C_4 = C_5$，将 $f_{0L} = 1/2\pi R_{w1}C_2$ 和 $f_{0L} = 1/2\pi R_{w2}C_4$ 设置在中频上，如 $f_{0L} = f_{0H} = 1\text{kHz}$。以高频调节器为例，信号输入阻抗是 $1/j\omega C_4 + R_{W2a}$，放大器负反馈阻抗是 $1/j\omega C_5 + R_{W2b}$。高音音调调节电路的电压增益为：

$$A_v = \frac{R_{W2b} + 1/j\omega C_5}{R_{W2a} + 1/j\omega C_4} = \frac{j\omega C_5 R_{W2b} + 1}{j\omega C_4 R_{W2a} + 1}$$

当 R_{W2} 的调整触点居中时，高、低音调节网络参数左右对称，负反馈阻抗与输入阻抗相等，在全频段电路增益等于 1。

R_{W2} 的调整触点移向左端，R_{W2a} 减小，R_{W2b} 增大，至最左端时，$R_{W2a} = 0$，$R_{W2b} = R_{W2}$，电压增益为：

$$A_{v2} = j\omega/\omega_{0H} + 1$$

其中 $\omega_{0H} = 1/C_4 R_{W2}$。在 $\omega = 10\omega_{0H}$ 处，$|A_{v2}| = 10$，即提升 20dB。

R_{W2} 的调整触点移向右端，R_{W2a} 增大，R_{W2b} 减小，至最左端时，$R_{W2a} = R_{W2}$，$R_{W2b} = 0$，电压增益为：

$$A_{v2} = 1/(j\omega/\omega_{0H} + 1)$$

其中 $\omega_{0H} = 1C_4 R_{W2}$。同样在 $\omega = 10\omega_{0H}$ 处，$|A_{v2}| = 1/10$，即衰减 20dB。

同理，低音音调调节电路的电压增益为：

$$A_v = \frac{R_2 + R_{W1b}/(j\omega R_{W1a}C_3 + 1)}{R_1 + R_{W1a}/(j\omega R_{W1a}C_2 + 1)}$$

R_{W1} 的调整触点移至最左端时，电压增益为：

$$A_\mathrm{v} = \frac{R_2}{R_1 + R_{W1}/(j\omega R_{W1} C_2 + 1)}$$

R_{W1} 的调整触点移至最右端时，电压增益为：

$$A_\mathrm{v} = \frac{R_2 + R_{W1}/(j\omega R_{W1} C_3 + 1)}{R_1}$$

5.2.3   基于 LM1036 的音量音调控制电路

单量、音调控制的专用芯片采用压控方式，调节电位器不在信号通道中，其调节原理仍然是依据 *RC* 频率特性实现。LM1036 是直流控制音调（低音、高音）、音量和平衡状态的集成芯片，有两个信号通道，电源电压范围 9 ~ 16V，音量调节范围 75dB，音调控制范围 ±15dB，0.06% 的低失真度，通道间隔离较好，典型的为 75dB，信噪比高，约 80dB。LM1036 的引脚功能见图 5-29，应用电路见图 5-30。

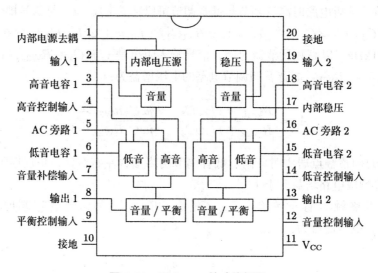

图 5-29   LM1036 的功能框架

图 5-30 电路中 C_6、C_7 影响高音调节，C_{10}、C_{11} 影响低音调节，C_{12}、C_{13}、C_{14}、C_{15} 均为直流控制电平的滤波电容。R_6、R_7、R_8、R_9 是调节电位器，连接于模块电路的外部，C_1、C_2、C_3、C_4 是输入输出信号的耦合电容。

使用集成器件进行调节的最大好处是能够以最少的器件实现某一调节功能，图 5-30 电路相比图 5-27 中的这一类而言，电路结构显得更加简单。

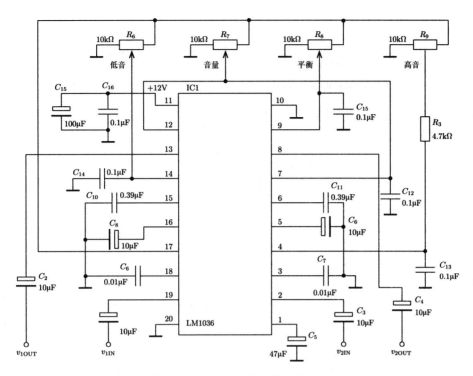

图 5-30 LM1036 的典型应用电路

5.2.4 基于 LM4610 的音调控制电路

LM4610 是另一款典型的直流压控音量、音调调节电路。具备直流电压控制音调 / 音量控制 / 双声道平衡调节 /3D 声场增强 / 等响度补偿等前级控制功能。采用压控方式后，不存在电位器的调节噪声。

该芯片的电源电压范围 9 ~ 16V，推荐使用 12V 单电源供电。音量调节范围 75dB；音调控制范围 ±15dB；通道分离度 75dB；失真度为 0.06%（输入电平 $0.3V_{rms}$），信噪比 80dB（输入电平 $0.3V_{rms}$）。LM4610 芯片的引脚功能见图 5-31，其应用电路见图 5-32，比 LM1036 芯片多了 3D 增强功能。

图 5-32 电路中 C_4、C_{16} 影响高音调节，C_7、C_{14} 影响低音调节，C_5、C_9、C_{10}、C_{11} 均为直流控制电平的滤波电容，开关 K_1 接通时具有 3D 增强效果。同样，相对于所实现的功能，该电路结构显得十分简洁。

基于扩音机的电子技术实验平台中，音量、音调控制电路均以电路模块的形式加入至信号通道中，可以采用 LM1036 芯片构成的电路，也可以采用 LM4610 芯片构成的电路，或者其他音量、音调控制电路，方便电路更换与性能比较。

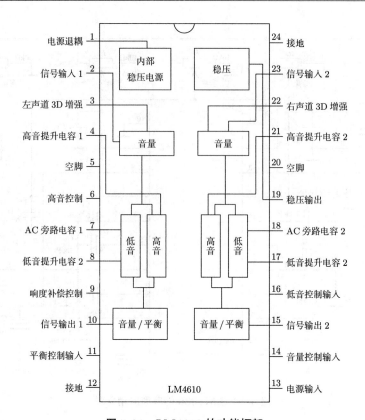

图 5-31　LM4610 的功能框架

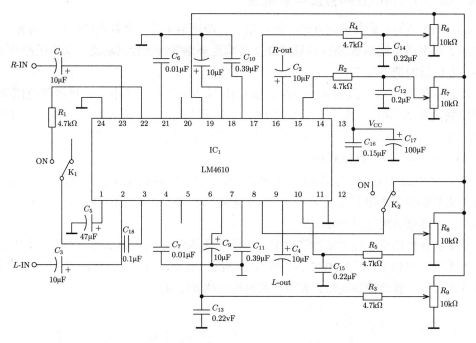

图 5-32　LM4610 的典型应用电路

实　验

1. 考察 LM1036 或者 LM4610 音频控制芯片的控制特性

为了保障实验电路工作的可靠性，采用与电子技术实验平台配套的模块电路形式，如图 5-26 或图 5-27 电路，连接于专用插槽中，声源由 USB 音乐文件提供，从主观上感觉控制效果。

2. 信号频率的分解与合成

采用 3 个有源二阶 RC 带通滤波电路，分别提取由信号源输出的方波信号的基频、二次谐波、三次谐波成分，再通过加法电路将其中的两个提取后的信号进行合成。实验电路如实图 5-1 所示，图中 P2 是用短路帽连接信号通道的双排插座。

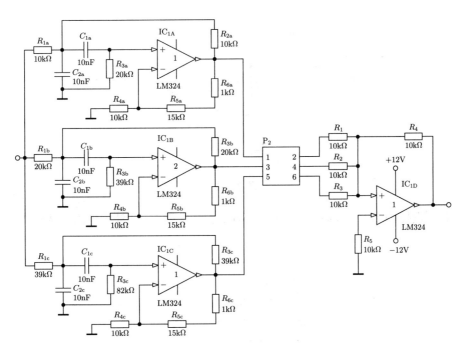

实图 5-1

此实验要用到 4 个运算放大器，可以选用 LM324 芯片。因该电路结构比较复杂，需要连接的器件多、导线多，临时搭建电路既费时又难以保障线路连接的正确性，宜采用模块电路形式。

将实验模块置于面包板上，从实验平台输入 ±12V 电源，从任意波发生器输入频率合适的方波信号，信号幅度控制在 2V 左右。用示波器分别观察 P2 输入侧的 3 个波形和加法电路输出的电压波形。

若要改变波形合成的谐波比例，可以改变 R_1、R_2、R_3 阻值大小。

[思考与练习]

1. 音调控制的作用是什么？音调控制电路与滤波电路有哪些差异？

2. 何为有源滤波电路？

3. 如果二阶 RC 滤波电路出现了自激振荡现象，如何消除？

4. 计算题图 5-1 所示三阶带通滤波电路的通频带。

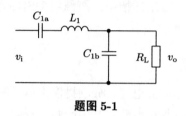

题图 5-1

5. 计算题图 5-2 所示二阶低通滤波电路的特征频率和品质因数 Q。

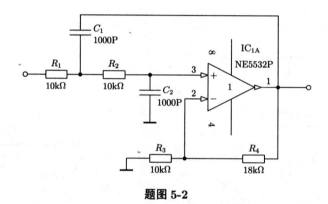

题图 5-2

6. 若要选择 8kHz 信号输出，试计算题图 5-3 所示二阶带通滤波电路的选频器件参数。

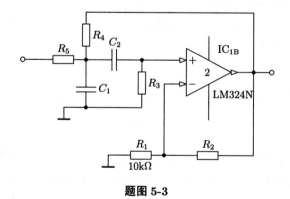

题图 5-3

7. 若要利用题图 5-3 所示电路产生 8kHz 正弦信号输出，试计算电路中电阻电容参数。

8. 请分析图 5-26 的音调调节电路的低频音调调节特性。

第6章 直流电源电路

电源电路是所有电子电路所必需的，基本要求是获得稳定的直流电压，并且能够提供负载所需要的电流。直流电源的电能获取一般有两个途径：一是交流市电，二是化学能电池。两者都需要采用电子技术加以控制。直流电源电路的核心是二极管电路与放大电路的应用。

6.1 交直流转换电路

交流电转为直流电的电路称为整流电路，将脉动的直流电压转换面比较平坦的直流电压称为滤波。

6.1.1 二极管整流电路

二极管整流电路是利用二极管的单向导电性控制电流方向，从而输出单极性电压。

1）半波整流电路

半波整流电路图及输入输出电压滤波关系如图6-1、图6-2所示。

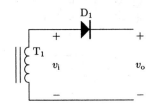 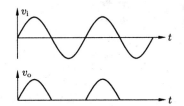

图 6-1　半波整流电路　　　　　图 6-2　半波整流电路输入输出电压滤波关系

对整流管的耐压要求：$V_D > v_{im}$。例如输入100V有效值的正弦交流电，要求二极管耐压达到150V以上。但如果整流后加上滤波电路，则二极管耐压达到300V以上。

2）全波整流电路

二极管全波整流电路及输入输出电压滤波关系如图6-3、图6-4所示。

对整流管的耐压要求：$V_D > v_{im}$。例如输入100V有效值的正弦交流电，要求二极管耐压达到300V以上。

3）桥式整流电路

桥式整流电路及输入输出滤波关系如图6-5、图6-6所示。

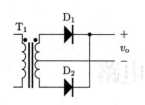

图 6-3　全波整流电路

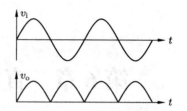

图 6-4　全波整流电路输入输出电压滤波关系

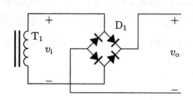

图 6-5　桥式整流电路

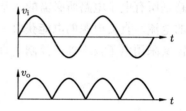

图 6-6　桥式整流电路输入输出电压滤波关系

对整流管的耐压要求：$V_D > v_{im}$。例如输入 100V 有效值的正弦交流电，要求二极管耐压达到 150V 以上。

桥式整流电路过程分析：桥式整流电路的网络结构比较复杂，分析时可以分做两个状态：正半周期的整流电流路径和负半周期的整流电流路径，如图 6-7 所示，其中图 6-7(a) 虚线表示正半周期的整流电流路径，图 6-7（b）中虚线表示负半周期的整流电流路径。

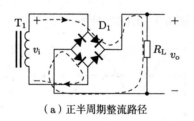

（a）正半周期整流路径

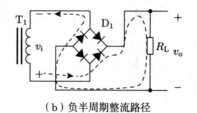

（b）负半周期整流路径

图 6-7　桥式整流电路过程分析

从电流路径分析，可以找出以下规律。

①无论是正半周期还是负半周期，都只有两个对边的二极管导通，另外两个二极管截止。

②无论是正半周期还是负半周期，流向负载的电流均为从上向下流动，由此产生了上正下负的单一极性电压，成为直流电输出。

将桥式整流电路的 4 个二极管组装在一起，称为整流桥模块。利用桥式整流电路的电流方向控制特点，在需要临时接线的电子电路电源输入端口连接一个整流桥模块，接入电源的极性不管如何，总是能够将极性正确的电压送至电路中，可以防止电源反接而损坏电子电路。

实际应用中对整流电路类型的选择如下。

全波整电路和桥式整电路都能够获得全周期的整流电压，它们的主要区别在于以下 3 处：一是全波整电路要求变压器双绕组对称输出，而桥式整电路只需要变压器单绕组输出；二是桥式整电路中整流管的耐压高于输入电压 v_i 的峰值即可，而全波整电路中整流管的耐压应该高于输入电压 v_i 的峰值的两倍；三是桥式整电路中整流管数量比全波整电路多一倍。综合考虑之下，对低频率小电流的场合，全桥整流电路更加实用；而对于高频大电流的场合，整流管的指标要求高，宜采用全波整流电路。

6.1.2　二极管整流滤波电路

电子电路需要比较稳定的电压，仅仅是整流后的电压不能满足电子电路工作要求，最起码要加入滤波环节，利用储能元件稳定供电电压。对于传统的功率放大电路，需要较大的工作电流，其工作电压往往取自整流滤波之后的电压，很少使用稳压电路。现代开关电源技术改进之后，才逐步利用开关稳压电源供电。

1）半波整流滤波电路

半波整流滤波电路及输入输出电压滤波关系如图 6-8、图 6-9 所示。

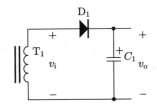

图 6-8　半波整流滤波电路

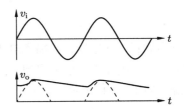

图 6-9　半波整流滤波电路输入输出电压滤波关系

整流管的耐压要求：$V_D > 2v_{im}$。

2）全波整流滤波电路

全波整流滤波电路及输入输出电压滤波关系如图 6-10、图 6-11 所示。

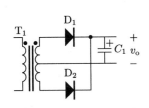

图 6-10　全波整流滤波电路

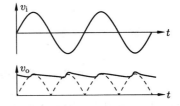

图 6-11　全波整流滤波电路输入输出电压滤波关系

整流管的耐压要求：$V_D > 2v_{im}$。

3）桥式整流滤波电路

桥式整流滤波电路及输入输出电压滤波关系如图 6-12、图 6-13 所示。

整流管的耐压要求：$V_D > 2v_{im}$。

经过整流滤后，平均输出电压 $v_o \approx 1.2v_i$，即输入交流电压有效值的 1.2 倍左右。输出电压中含有较大的纹波成分。

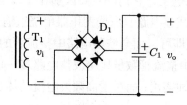

图 6-12 桥式整流滤波电路

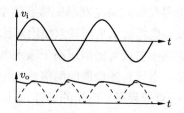

图 6-13 桥式整流滤波电路输入输出电压滤波关系

4）确定滤波电容容量

为了减小输出电压中所含纹波由值，滤波电容容量以大为好。两种确定方法：一是考虑滤波电容与负载电阻所组成的时间常数不小于脉动周期的 3 倍；二是在脉动周期时间内，电容向负载供电时，自身电压降落不大于输出平均电压的 10%。通常采用第一种方法比较简单，即：

$$C > \frac{3T}{R_L} \qquad (6-1)$$

5）采用电容滤波的整流电路输入电流

因为滤波电容能够储存电压，在输入电压高于电容电压时，会输入较大电流，而输入电压低于电容电压时，则无整流电流出现。因此，整流管上的整流电流呈现宽度很窄幅度较高的脉动电流，如图 6-14 中的曲线所示。

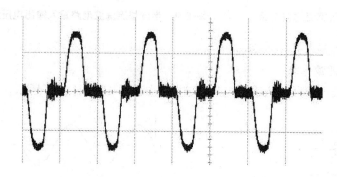

图 6-14 整流电路输入电流波形

整流管上的瞬时电流很大，因而整管的额定电流值应该远大于负载电流，最好是负载电流最大值的两倍以上。

6.1.3 二极管倍压整流滤波电路

图 6-15 是二倍压整滤波电路，可以获得远高于输入电压的输出电压。整流过程：首先是变压器负半周电压由二极管 D_1 管向电容 C_1 充电，电容 C_1 获得接近于交流电峰值的电压；在正半周期间，变压器正半周电压叠加电容 C_1 充存储的电压，通过二极管 D_2 管向电容 C_2 充电，使电容 C_2 获得接近于交流电峰值电压二倍的输出电压。每一个周期电容

C_2 获电一次，属于半波整流形式，电容 C_2 电压因放电而降低，如图 6-16 所示。

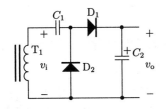

图 6-15　二倍压整流滤波电路

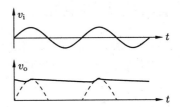

图 6-16　二倍压整流滤波输入输出电压滤波关系

整流管的耐压要求：$V_D > 2v_{im}$。

经过二倍压整流滤波后，平均输出电压 $V_o \approx 2v_{im}$，即输入交流电压有效值的 2.4 倍左右。

因为是半波整流方式，输出电流能力较小，倍压整流电路适用于轻负载的电路中。

6.1.4　场效应管同步整流滤波电路

同步整电路是用场效应管替代整流二极管，因场效应管的导通电阻较小，因而整流损耗也较小。场效应管是受控器件，需要由整流同步信号控制其导通，这就是同步整流名称的由来。场效应管同步整流电路一般用于高频大电流脉冲电压的整流，其滤波电路一般采用 LC 滤波器。在低频正弦交流电中很难实现同步整流方式。

场效应管同步整流滤波电路及输入输出电压滤波关系如图 6-17、图 6-18 所示。

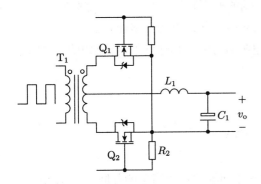

图 6-17　场效应管同步整流电路

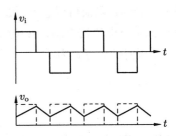

图 6-18　场效应管同步整流电路输入输出电压滤波关系

整流脉冲到来时，在对应的场效应栅极同步输入开启脉冲，由场效管提供电流通路，以降低导通电压，减少整流器的功耗。用作同步整流都是 VMOS 管，内带反向保护二极管，因而同步整流时，场效应管工作在反向导通状态，与保护二极管导通方向保持一至。同步整流场效应栅的控制电路比较复杂，一般用于高品质的开关电源中。

由于采用了 LC 滤波电路，输出电压平均值将低于输入脉冲峰值，并且输出电压平均值与输入脉冲峰值之间无固定关系。

6.2 并联型直流稳压电路

所谓稳压,就是在输入电压有限变化时,或者负载电流发生变化时,能够对供电电流做出自动调整,以确保向负载供电的电压稳定不变。

并联型直流稳压电路是因电压调整器件并联在负载上而得名。实际上并联型直流稳压电路是所有稳压电路的基础,从稳压效果上看是性能最优的一类稳压电路。而独立使用的并联型直流稳压电路只限于小功率、小电流范围,电路结构十分简单。如图 6-19、图 6-20 所示电路是应用最多的两个并联型稳压电路。图中 R_1 是限流电阻,稳压二极管反向击穿后对输出电压加以限制。

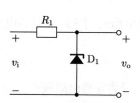

图 6-19　稳压管稳压电路

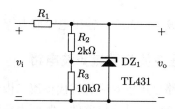

图 6-20　基准电压源芯片构成的稳压电路

图 6-20 是采用基准电压源芯片 TL431 构成的稳压电路,虽然电路比稳压二极管电路复杂,但它的好处是电压稳定、精准,稳定的电压值可以任意调整,用在对电压稳定性指标要求高的电路中。TL431 芯片的工作特点是 1 端的输入阻抗很高,当 1、2 脚间电压小于 2.5V 时,3、2 脚之间只有很小电流,大约为 0.8mA;当 1、2 脚间电压达到 2.5V 时,3、2 脚之间开始导通,电流可以急剧增加,通过限流电阻 R_1 的配合,达到限制输出电压的目的。图 6-20 中的输出电压被限制在 3.0V。

输出稳压值的计算式为:

$$V_o = \frac{R_2 + R_3}{R_3} \times 2.5 \text{ V} \tag{6-2}$$

除使用专用稳压二极管外,也可以利用二极管正向导通构成简单的并联型直流稳压电路,也称为钳位电路,如图 6-21～图 6-23 所示。

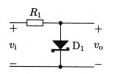

图 6-21　肖特基管稳压电路

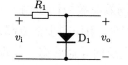

图 6-22　硅二极管稳压电路

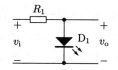

图 6-23　发光管稳压电路

图 6-21 利用了肖特基管的正向导通电压,视不同型号能够产生 0.15～0.4V 不等的稳定电压;图 6-22 利用了硅二极管正向导通电压,能够产生 0.65～0.7V 的稳定电压;图 6-23

利用了发光二极管的正向导通电压，若使用红外发光管，能够产生 1.1V 左右的稳定电压，若使用红、绿发光管，能够产生 1.8V 左右的稳定电压，若使用白色发光管，能够产生 2.7V 左右的稳定电压，比使用稳压二极管效果更好。

并联型稳压电路中限流电阻 R_1 不可缺少，实际是由它来分担多余的电压。限流电阻 R_1 的确定方法按式（6-3）计算。

$$R_1 = \frac{V_{im} - V_o}{I_{dmax} + I_{Lmin}} \tag{6-3}$$

式中，V_{im} 是最大输入电压；I_{dmax} 是流过限压器件的最大电流；I_{Lmin} 是流过负载的最小电流。例如，输入电压变化范围为 15 ～ 18V，负载电压需要稳定在 6V，电流最小工作为 8mA，采用 TL431 器件稳压，则 R_1 取为 430Ω。

$$R_1 = \frac{18 - 6}{20 + 8} = 0.428\ \text{k}\Omega$$

并联型直流稳压电路缺点是自身能量损耗较大，稳压条件下输出电流的变化能力较小，一般只能为小电流电路供电。输出电流的变化能力受限压管的限制，如对于 TL431 基准电压源芯片，最大的导通电流为 20mA，自身工作电流需要 0.8mA，实际上要保证至少 1mA 电流流过芯片，到极限也只能为负载调整 19mA 的电流。

6.3　串联型直流线性稳压电路

串联型直流稳压电路是因电压调整器件串联在输入、输出回路上而得名。其中线性稳压电路又具实时连续调节能力。因并联稳压电路的电流提供能力很小，需要在并联稳压电路的基础上连接大电流调节器件，就构成了串联型直流线性稳压电路，目的是在较大的输电出电流变化范围内向负载提供一个稳定电压。

经过整流、滤波后的直流电压还有较大纹波，稳压电路的作用就消除纹波，恒定输出电压。串联型稳压电路输出电压明显低于输入电压，如图 6-24 中曲线所示。图中虚线是输入电压，实线是稳压后的输出电压。

图 6-24　稳压电路输入输出电压对比

6.3.1　带反馈的串联型直流稳压电路

图 6-25 是典型的由电压反馈网络构成的串联型直流稳压电源电路，它包括变压、整流、滤波、稳压 4 个基本组成部分。D_1 是整流器，它的任务是将交流变换成脉动直流；滤波电路就是 C_1 和 C_2，任务是将脉动直流变换成比较平稳的直流；稳压电路由 D_z、IC_1、R_1、R_2、R_3、R_w、R_5、Q_1 构成，其中 Q_1 是调整流器管，R_1、D_z 提供基准电压 V_z，R_3、R_w、R_5 是输出电压取样反馈网络，IC_1 用作电压比较放大，实际它们构成深度负反

馈回路，任务是稳定输出电压。稳压电源中稳压电路的前后都加有滤波电路，C_3、C_4 是输出滤波器件。

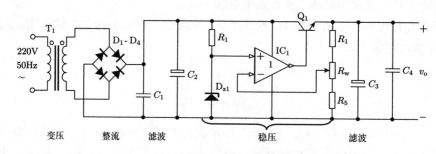

图 6-25　串联型直流稳压电路

稳压环节又可以分作电压取样、基准电压、比较放大和调整 4 个部分。电压调整过程可以描述为：当电网电压或负载变动引起输出电压 v_o 变化时，取样电路取输出电压 v_o 的一部分变化的电压送比较放大器与基准电压进行比较，产生误差电压经放大后去控制调整管的基极电流，自动地改变调整管的集射间电压，补偿 v_o 的变化，以维持输出电压基本不变。比如输出电压 v_o 变高，则经过电压取样反馈至运算放大器反相端的电位升高，运算放大器输出端电位下降，Q_1 输出电流必将减小，使得负载电压回落至标准值。改变 R_w 的触点位置，可以调整输出电压。最高输出电压 $v_{o\max}$ 计算式为：

$$v_{o\max} = \frac{R_3 + R_w + R_5}{R_5}V_z \tag{6-4}$$

最低输出电压 $v_{o\min}$ 计算式为：

$$v_{o\min} = \frac{R_3 + R_w + R_5}{R_w + R_5}V_z \tag{6-5}$$

可见，电源输出电压是 V_z 的函数，V_z 的稳定精度直接决定 v_o 的稳压精度。要想提高电源输出电压的稳定精度，就要有高精度的 V_z。电路图中的 V_z 由稳压二极管提供，精度较低，如果采用基准电源芯片 TL431、LM385 等提供基准电压，就可以获得高精度稳压电源。

串联型直流稳压电源电路工作时要求整流器流滤波后的最低电压值必须明显高于电源输出电压值。

6.3.2　三端稳压器

由于稳压电源是被普遍使用的基本电路，因此，商家设计人员将线性稳压电路集成于一个器件中，构成三端稳压器件。三端稳压器是现代电路普遍采用的供电器件，使得电路更简单，有更好的稳定性，由三端稳压器构成的典型稳压电路如图 6-26（a）所示。

图 6-26（a）中 VZ_1 就是三端稳压器，其封装如图 6-26（b）所示，称为 TO-220 封装。实际应用中为了适合不同电路的要求，商家推出了许多规格的线性三端稳压器，汇总于表 6-1 中，根据实际需要选择参数合适的器件。

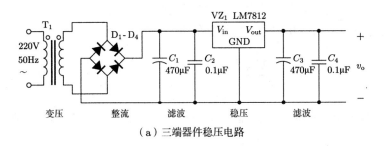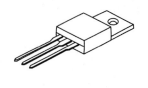

（a）三端器件稳压电路　　　　　　　　　　（b）LM7812 封装

图 6-26　三端器件稳压电路及封装稳压器

表 6-1　线性三端稳压器

工作特征	基本器件	小电流器件	低压差器件	低电压器件
输出固定正电压	LM78 系列	LM78M 系列 LM78L 系列	LM2940	HT71 系列 TPS73 系列 ASM1117 系列
输出固定负电压	L79 系列	LM79M 系列 LM79L 系列		
输出可调正电压	LM317			
输出可调负电压	LM337			

　　其中 LM78 系列和 LM79 系列是最常用的两类线性三端稳压器，LM78 系列是输出正电压的三端稳压器，LM79 系列是输出负电压的三端稳压器，其输出电压值直接表示在型号的后两位数字上，如 LM7805 就是输出正 5V，LM7815 是输出正 15V，LM7912 则是输出负 12V。每一个三端稳还有许多其他技术指标，可以通过查找芯片资料了解更多的参数。

6.3.3　稳压电源的主要技术指标

　　稳压电源的性能由具体指标来反映，主要指标有以下几项。

　　1）特性指标

　　①输出电流 I_L（指额定负载电流）。如三端稳压器的额定电流比较明确，LM7805 的额定输出电流为 1.5A，LM78M05 的额定输出电流为 0.5A，LM78L05 的额定输出电流为 100mA。总体上线性稳压器的额定工作电流不是很大。

　　②输出电压 V_o 调节范围。对于可调压的稳压电源，必定有一个确定的输出电压调节范围。对于固定电压输出的电源只有一个电压值，如 5V 的 USB 电源，其输出电压调节范围为零。

　　2）质量指标

　　①稳压系数 s。当负载和环境温度不变时，输出直流电压的相对变化量与输入直流电压的相对变化量之比定义为 s，即：

$$s = \frac{\Delta V_o / V_o}{\Delta V_i / V_i} \times 100\% \qquad (6\text{-}6)$$

②动态内阻 r_o。在输入直流电压及环境温度不变时，由于负载电流 I_L 变化 ΔI_L，引起输出直流电压 V_o 相应变化 ΔV_o，两者相比称为稳压器的动态内阻，即：

$$r_o = \frac{\Delta V_o}{\Delta I_L} \qquad (6\text{-}7)$$

③输出纹波电压 v_{orip}。纹波电压指叠加在直流电压中的锯齿状周期性的交流成分，通常用有效值或峰峰值来表示。

串联型直流稳压电路的优点是稳定性好，输出纹波小；缺点是电源自身功率损耗大，工作效率低，因而所做成的电源体积较大。传统的功率放大电路基本采用线性电源供电。目前有许多场合采用工作效率更高的开关电源替代串联型稳定电源。

6.4　开关型直流稳压电路

开关型稳压电路是为了提高电源自身工作效率而推出的一类新的电路。在开关电源技术改进之后，现代开关电源自身噪声已经降得很低，并逐步在音响领域得到应用。

6.4.1　电容式开关电源

电容式开关电源往往是用于电压极性转换，它利用电容储电，配合电子器件充、放电转换。典型器件有 TL7660 芯片。图 6-27 是 TL7660 芯片工作原理的等效图。

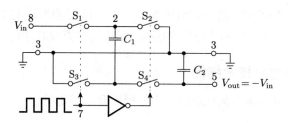

图 6-27　TL7660 芯片工作原理的等效图

TL7660 芯片进行电压极性转换的原理是：4 个电子开关分为两组，S_1 和 S_3 为一组，S_2 和 S_4 为另一组，在开关脉冲作用下它们交替通、断，当 S_1 和 S_3 接通 S_2 和 S_4 断开时，输入电压 V_{IN} 送至电容 C_1 储电，当 S_1 和 S_3 接通 S_2 和 S_4 断开时，电容 C_1 中的电荷向电容 C_2 转移，从而获得负电压输出。

$$V_{OUT} \approx -V_{IN} \qquad (6\text{-}8)$$

TL7660 芯片的应用电路结构如图 6-28 所示，只需要 2 ～ 3 个外部元件，电路连接关系十分简单。

TL7660 芯片的工作电压范围是 1.5 ～ 10V，这一电路的电流输出能力较小，一般要求在 15mA 以下使用。因此只能用于微功耗电路中。

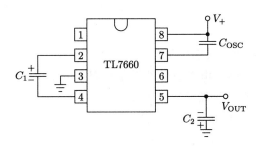

图 6-28 电压极性反转电路

6.4.2 电感储能式开关电源

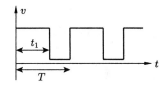

电感耦储能式开关电源是应用最多的开关电源。工作过程中调整管总是工作在"开"与"关"不断快速交换的状态。传输电压波形呈现恒压脉冲形,如图 6-29 所示,与电容式开关电源不同的是可以改变脉冲占空比 D 来调节输出电压或者调节输出能量。占空比 D 是指高电平占脉冲周期的比例,即:

图 6-29 周期性脉冲电压波形

$$D = \frac{t_1}{T} \tag{6-9}$$

式中,t_1 为脉冲高电平时间;T 脉冲周期。

1)电感耦储能式开关电路基本形式

电感耦储能式开关电源是利用电感器储调节输出电压,有 3 个基本结构,即 Buck 降压电路、boost 升压电路、Buck/boost 电路,如图 6-30 所示。其中 Buck/boost 电路在调整输出电压的同时还实现电压极性转换。

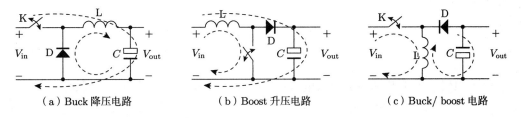

（a）Buck 降压电路　　　（b）Boost 升压电路　　　（c）Buck/ boost 电路

图 6-30 电感储能式 DC-DC 变换电路

根据电感的伏安关系式,在开关开通期间,电流流过电感器,在电感器中储能磁场能;当开关断开后,电感器释放其中的磁场能,输出至滤波电容和负载电路。它们的共同点就是电感器电流不能突变,其中的二极管 D 提供了电感续电流通路。

$$V_L = L\frac{\mathrm{d}i}{\mathrm{d}t}$$

在实际工作中还需要通过电子线路控制输出电压的大小,控制电路都采用集成芯片。

目前有许多型号的开关电源芯片可供选用，关键是用开关芯片设计电路时必须符合芯片的应用条件。

2）基于LM2575-5.0的串联降压电路

LM2575-5.0是专门为5V电源设计的低压差固定电压串联型开关降压芯片。传统的串联型线性稳压电源78系列虽然稳压精度高，但工作效率往往较低，自身功耗较大。当电压改变值大时，采用开关电源芯片可以显著提高工作效率。由此近年以来推出了多款固定电压的串联型开关降压芯片，在某些对电压精度不高的场合替代串联型线性稳压芯片。固定电压的电源芯片实际上是将电压反馈网络集成在芯片内部电路中，采用固定电压串联型开关降压芯片，可以最大限度地简化电源电路。

图6-31是采用LM2575-5.0芯片资料提供的典型电路设计的5V电源模块，输入电压为6.6～40V，输出电压为5.0V，最大输出电流为1.0A，输出纹波电压约25mV，输出讯扰电压约50mV。该芯片的开关频率由内部电路决定，约为54kHz，PWM的最大占空比为92%。

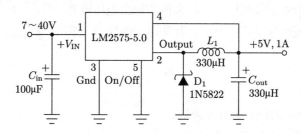

图6-31　基于LM2575-5.0的DC-DC降压电路

图中的续流二极管D_1采用的1N5822就是额定电流为3A的肖特基管。滤波电感L_1的电感量在载流能力足够的情况下以大为好，并不一定采用330μH。但有一个最小值限制，其最小值由下式确定。

$$L_{1\min} = \frac{(V_{i\max} - 5.0) \times 18 \times 10^{-6}}{2.2}$$　　　　（6-10）

式中，$V_{i\max}$是芯片的最大输入电压；"18×10^{-6}"是该芯片的最大开通时间，单位为秒（s）；"2.2"是该芯片的最大供电电流，单位为A。当输入15V电压时，滤波电感L_1的电感量不得小于82μH。实际采用的电感量应该远大于该值。

3）基于MC34063的降压电路

MC34063是十分常用的小功率DC-DC变换芯片，它属于PWM控制方式，但并不注重脉冲宽度调制的线性指标，而是着重于输出电压恒定性控制。采用MC34063所制作的小功率电源的输出电压比较稳定。

图6-32所示电路是按照15V输入、输出5V电压，为单片机电路供电而设计。电路中滤波电感的电感量没有严格要求，一般电感量以大为好，但是其载流能力要大于输出电流的最大值。电感量受到载流能力、电感器体积的制约。电路中的续流二极管D_{14}选用肖

特基二极管，由于其高响应速度，有助于减小开关噪声、降低电路自身的损耗。

该电路的输出电压由式（6-11）确定：

$$V_o = \frac{R_1 + R_2}{R_1} \times 1.25\text{V} \tag{6-11}$$

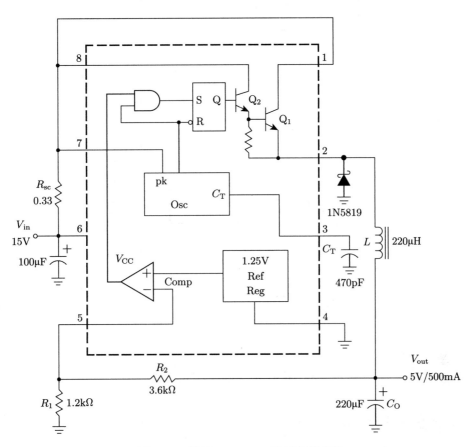

图 6-32　基于 MC34063 降压电源电路

图 6-32 中所示的 R_1、R_2 电阻值确定了电源输出电压为 5.0V。改变 R_1、R_2 的电阻比值，就可以改变电源的输出电压值。

4）基于 MC34063 的升压电路

利用电感储能不仅可以做成降压电源，还可以提升输出电压。图 6-33 就是一个由 MC34063 芯片构成的升压电路。

如图 6-33 所示，升压电路的输出电压的计算式：

$$V_o = \frac{R_1 + R_2}{R_1} \times 1.25\text{V} \tag{6-12}$$

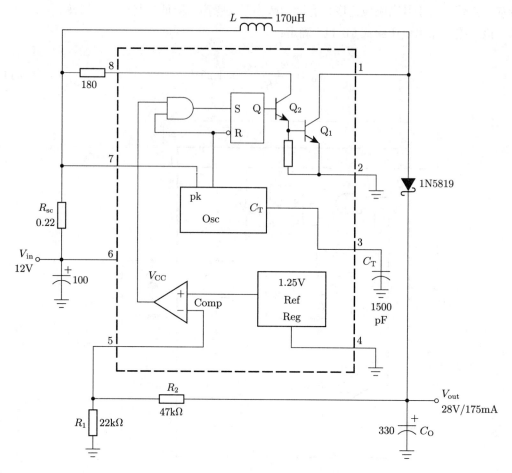

图 6-33　基于 MC34063 升压电源电路

6.4.3　互感耦合式开关电源

由 220V 交流电直接转换得到低压直流电的电源基本采用变压器结构的互感耦合方式，实现输入、输出电路之间的隔离。采用这种方式的开关电源结构类型非常多，如图 6-34 所示的是一款典型的反激励式小功率开关电源，采用开关型三端芯片。反激励式开关电源是指在开关管关闭期间输出能量的工作方式，实际是依靠变压器的储能进行输出的工作方式，此时所谓的变压器严格意义上是一个耦合电感。与反激励式相对应还有正激励式开关电源，是在开关管开通期间输出能量的工作方式。

该电源的输出电压由变压器绕组的匝数比确定。设变压器的输入输出匝比为 n_1，输入反馈匝比为 n_2，发光二极管导通电压为 1.8V，由电路的输出电压计算式为：

$$V_o = \frac{n_2}{n_1}\left(6 \times 10^{-3} \times R_{35} + 5.0 + 1.8\right) \tag{6-13}$$

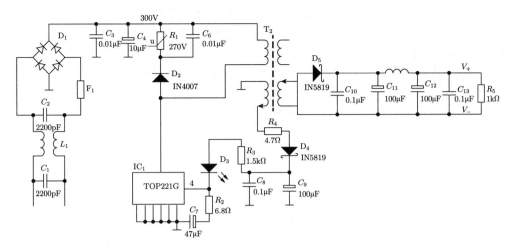

图 6-34 基于 TOP221 的离线式电源

6.5 串联型直流线性稳流电路

电源中较多见的是稳压源，它的目的是向负载提供一个稳定的电压，但对于充电器一类，这一稳定电压就失去实用意义，需要的往往是一个稳定的电流。稳流源电路是与稳压源电路相对耦的一类电路，其目的是在很大的电压变化范围内向负载提供一个稳定的电流，而输出电压由负载决定。如果稳流源电路是从交流电网中获取电能，则前部的整流、滤波电路同一般的稳压电源，只是输出反馈方式有所区别。稳压源采用输出电压反馈，而稳流源采用输出电流反馈。因此，稳压源电路和稳流源电路结构非常相似，如图 6-35 所示就是基本的直流稳流源电路。

参考线性稳压电路的控制规律：给定一个基准电压，反馈输出电压信息，两者进行比较放大，驱动调整管调节输出量。对于电流源电路就是要反馈电流信息，同样与基准参数进行比较，从而控制输出电流。以此规律构建的直流稳流源电路如图 6-35 所示。

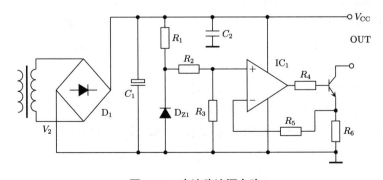

图 6-35 直流稳流源电路

图 6-35 是比较典型的直流稳流电路结构，电流调整的范围比较宽。电路结构简单一

些的直流稳流源电路可以借用三端稳压芯片的功能实现，如图 6-36 所示，其中 R_1 是电流取样电阻，R_L 代表负载。这类电路的电流稳定性较好，只是电流取样电阻的功率损耗比较大，一般用于小功率电路。

LM317 的内部参考电压为 1.25V，因此，可算得其稳流值为 24.5mA：

$$I_o = \frac{1.25}{R_1} = \frac{1.25}{51} = 24.5\text{mA}$$

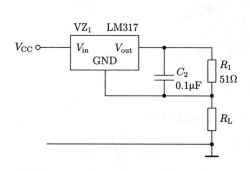 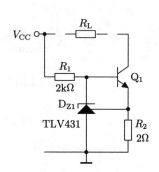

图 6-36　基于 LM317 的恒流电路　　　　图 6-37　基于基准电压源的恒流电路

图 6-37 是利用低电压其准电压源芯片 TLV431 实现的稳流电路，负载加于 V_{cc} 与 Q_1 管集电极之间。TLV431 芯片内置参考电压是 1.3V，不同于 TL431 的 2.5V。由此可以确定如图 6-37 所示的电路的稳流电流值为 13mA：

$$I_o = \frac{1.3}{R_1} = \frac{1.3}{0.1} = 13\text{mA}$$

这两个简单电路的参考电压值是固定不变的，若要增加它们的稳流值，可以通过减小电流取样电阻 R_1 的阻值实现。

同串联型稳压电源一样，都是采用深度负反馈技术来稳定输出。负反馈控制的特点是反馈增益越高,输出误差越小。但反馈回路总存在一定量的延时时间,致使增益又不能过高,否则会产生自激振荡。为了防止出现振荡，通常采用两个措施：一是让输出滤波电容的滤波电流流经电流取样电阻 R_1（图 6-36），取得微分效果，提前获知电流变化信息，提前进入调整过程；二是在 DZ$_1$ 的阳极与控制极之间并联 RC 串联支路（图 6-37），以降低高频分量的增益。

类似于稳压电路，串联型线性稳流源的优点是稳定性好，缺点是电路自身功耗大，工作效率低。调节过程可以理解为将过多的输入电压降在电流调整管上，使得电流调整管的功耗很大。如果采用开关电源自动调节输入电压，则可以提高稳流电路的工作效率。

实　验

1. 考察电源电路的波形变化情况

用示波器直接对基于扩音机的电子技术实验平台中的电源进行测量，观察整流之前的电压波形、整流之后的电压波形、滤波之后的电压波形、稳压之后的电压波形，比较波幅度大小，理解直流电源电路的工作特点。

2. 测量三端集成稳压器的稳压系数、输出阻抗和输出纹波电压

①稳压系数测量：用实验室的直流稳压电源在三端稳压器之前输入合适大小的电压，测量稳压器输出电压值；增加三端稳压器之前的输入电压值，再次测量稳压器输出的电压值。计算三端稳压器的稳压系数。

②输出阻抗测量：同样用实验室的直流稳压电源在三端稳压器之前输入合适大小的电压，在三端稳压器之后加、减 51Ω 负载电阻的方法改变负载大小，用数字万用表分别测量稳压器输出的电压值。计算三端稳压器的输出阻抗。

③输出纹波测量：接通交流电网，在三端稳压器之后连接 51Ω 负载电阻，用示波器交流测量功能观察输出电压中的波形幅度，记录幅值大小，去除 51Ω 负载电阻后再测量输出纹波幅度。

3. 并联型稳压电路与稳电流电路联合测量

①稳压系数测量：用实验室直流稳压电源在并联型稳压电路之前输入大小变化的电压，稳压器输出口开路，用数字万用测量稳压电路输出电压的变化值。计算稳压电路的稳压系数。

②输出阻抗测量：固定直流稳压电路的输入电压，稳压器输出连接固定的稳流电路，改变稳流电路的输出电流大小，用数字万用表分别测量稳压器输出的电压值，计算稳压器的输出阻抗和稳流器的输入电阻。

用实验室直流稳压电源给稳流器直接施加变化的电压，测量稳流器的输入电阻。

[**思考与练习**]

1. 半波整流电路、全波整流电路、桥式整流电路对二极管的耐压要求有何不同？对变压要求有何不同？
2. 同步整流电路对整流用场效应管的选择有什么要求？
3. 衡量稳压电源的质量有哪几项主要指标？
4. 串联反馈式稳电压电源和并联式稳电压电源的输出电流是如何限定的？
5. 如何用 LM7805 三端稳压器输出 5.7V 稳定电压？
6. 线性电源和开关电源的各自优缺点是什么？各自适用于什么场合？
7. 反激励式开电源与正激励式开关电源的根本区别在何处？

8. 稳压器件进入稳压状态必须保持一个最小电流值，假设 1mA，试计算题图 6-1 并联稳压电路的输出电流能力。

9. 计算题图 6-2 并联稳压电路的输出电压。

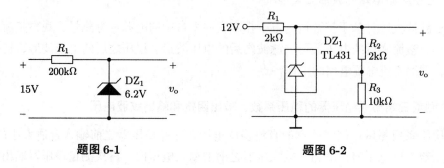

题图 6-1　　　　　　　　　　题图 6-2

10. 假设变压器的输出电压足够高，试计算题图 6-3 串联稳压电路的输出电压调节范围。

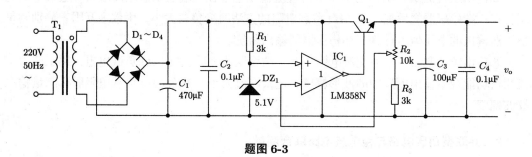

题图 6-3

11. 请计算题图 6-3 串联稳压电路中变压器 T_1 副边输出最小允许电压值。

12. 请计算题图 6-4 稳流电路的输出电流值。若要将输出电流增加 1 倍，最简便的处理方法是什么？

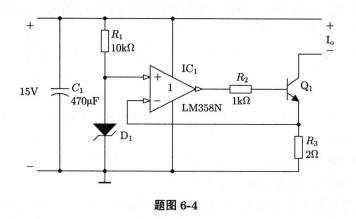

题图 6-4

第7章　音响系统辅助电路

通用性的信号处理电路安排在第3章和第4章讲述，在本章针对扩音机需要用到的多种功能电路逐一讲述，有定时电路、振荡电路、电压比较电路等，这些电路是电子技术学习过程中需要掌握的典型电路类型，经常被应用。其中振荡电路以应用为目标，被安排在本章讲解，重视功能实现，淡化振荡理论的抽象分析；电压比较电路在各类保护电路中集中体现。

7.1　保护与警示电路

扩音机最好配置各类保护电路。需要保护的状态有很多，基本的保护电路有温度保护、过电压保护、欠电压保护、开关机保护等。保护电路一般由敏感器件、电压比较电路、执行部件3部分组成，其核心是电压比较电路。

7.1.1　过温保护电路

扩音机中功率损耗最大的是功率放大芯片，很多功率放大芯片自身带有过温保护功能，如果要设置二重温度保护，可以检测散热器的温升情况执行保护动作。过温保护电路是将温度信息转换成电压参数，通过电压比较器与参考电压相比较，判别出温度是否过高。图7-1电路即可实现温度保护功能。

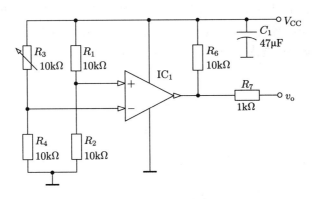

图 7-1　单阈值比较电路

图7-1中 R_1 和 R_2 组成分压电路，提供参考电压；R_3 是热敏电阻，紧贴于散热器上，电路中与 R_4 组成分压关系，提供与温度相关的电压值送电压比较器同相端。热敏电阻有

正温度系数和负温度系数两类，正温度系数热敏电阻的阻值随温度升高而增大，负温度系数热敏电阻的阻值随温度升高而下降。如果图中 R_3 取负温度系数的热敏电阻，则温度高对应同相端电位高，电压比较芯片输出端呈高电平；反之，温度低对应同相端电位低，电压比较芯片输出端呈低电平。其电压传递关系如图 7-2 曲线所示。扩音机的散热器如果出现过温，说明输出功率过大，可以利用比较电路输出的高电平驱动继电器切断负载，也可以衰减音频信号幅度，降低输出功率，使得功率器件温度回落。

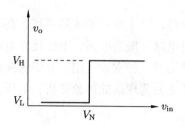

图 7-2　单阈值比较电路电压传递关系

电压比较芯片的输出端往往是集电极开路形式，所以要配合上拉电阻 R_6，输出端才得以呈现高电平。如果采用运算放大器作电压比较，则可以省去上拉电阻 R_6。

因温度变化存在明显的热惯性，在一定时间内会保持其变化趋势，温度保护可以采用单阈值比较电路。

7.1.2　扩音机输出直流成分警示电路

扩音机的正常输出的是交流信号，其正、负半周呈对称状态，平均电压为零，即直流分量为 0V。要使得扬声器正常工作，不能施加明显的直流电压。无论是 OCL、OTL、BTL 电路等，在扩音机结构设计的时候都要保证扬声器中基本无直流成分。

如果功率电路出现故障，或者功率电路的静态工作点调节不当，尤其对于 OCL、BTL 一类等具有直流输出能力的功率电路，静态工作失调必定造成直流电压加于扬声器上，既消耗功率又降低扬声器的工作性能。对此，最好能单独检测功率输出电路的直流分量，给出警示信号，检测特性要求如图 7-3 中的图形所示。当存在 V_H 以上的电压或存在 V_L 以下的电压均输出高电平。

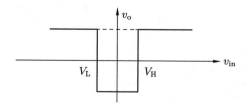

图 7-3　窗孔比较电路电压传递关系

图 7-4 电路可以检测扬声器上的直流分量。该电路采用窗孔电压比较方式，设置出高比较电压和低比较电压两个界限，形成电压窗口，输入电压在窗孔之内是一个比较结果，

窗孔之外又是一个比较结果。输入、输出电压传递特性如图 7-3 中的图形所示。

图 7-4 电路中用于电压比较的窗孔大小 ΔV 由电阻 R_4、R_5、R_6 设置。

$$\Delta V = \frac{R_5}{R_4 + R_5 + R_6} \times 24 = \frac{1}{10 + 1 + 10} \times 24 = 1.14V$$

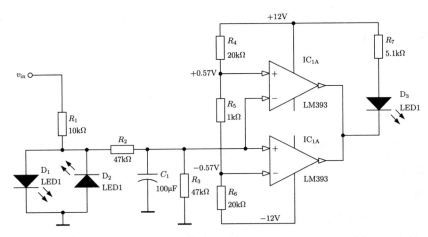

图 7-4　输出直流分量检测电器

按照图 7-4 电路中的参数，电压比较阈值为 ±0.57V，当输入端电位低于 +0.57V 并高于 −0.57V，两个比较器的输出端均呈高电位，对应功率电路输出口基本无直流电压，指示灯 D_3 熄灭；当反相端电位高于 +0.57V 或低于 −0.57V，两个比较器的输出端之一呈低电位，对应功率电路输出口存在正或负直流电压，指示灯 D_3 发光以警示。

此电路的输入端连接功率放大器的输出口，R_1、D_1、D_2 是信号双向限幅器件，R_2、R_3、C_1 组成低通波滤电路，或者称积分电路，其时间常数为：

$$\tau = \frac{R_2}{2} C_1 = \frac{47 \times 10^3}{2} \times 100 \times 10^{-6} = 2.35\,\text{s}$$

如果要对直流输出执行自动保护动作，可以将窗孔比较电路输出电平控制继电器，电路转换成如图 7-5 所示结构。电压比较阈值为 ±0.57V，当输入端电位低于 +0.57V 并高于 −0.57V，两个比较器的输出端均呈高电位，对应功率电路输出口基本无直流电压；继电器断电扬声器被开路，继电器吸合扬声器接通；当反相端电位高于 +0.57V 或低于 −0.57V，两个比较器的输出端之一呈低电位，对应功率电路输出口存在正或负直流电压，继电器断电扬声器被开路。

按照图 7-5 中的时间常数，可以排除 0.25Hz 以上信号的干扰，但 0.25Hz 以下频率的信号仍然会被当作直流分量处理。

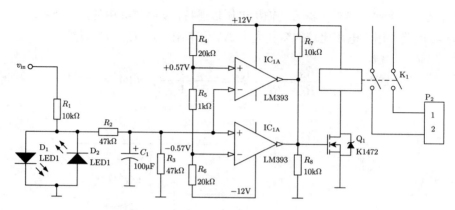

图 7-5　基于窗孔比较的直流输出保护电路

7.1.3　消开关机冲击声电路

扩音机在开、关机瞬间，由于电源电压的波动，电路状态不稳定，扬声器中会出现异常的冲击声。有一些集成功率芯片内部设置了解决这一问题的专用电路，也可以在外部电路中增设消开、关机冲击声电路，其基本思想是开启扩音机瞬间，延迟接通扬声器；在关闭扩音机瞬间，利用电源的存储效应，先切断扬声器。如图 7-6 所示，电路能够实现这一功能，图中 P_2 是扬声器接口。

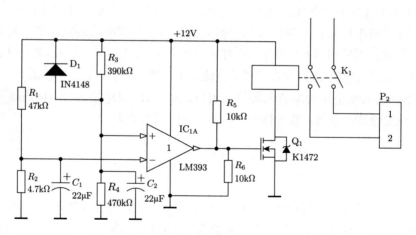

图 7-6　消冲击声电路

图 7-6 中的电路用于 12V 电源电压的检测，电压比较器反相端所接延时电路时间常数较小，电位快速跟随电源电压变化，同相端所接延时电路时间常数较大，并保证最终状态同相端电位 6.56V 高于反相端电位 6.0V。

刚通电时，电压比较器同相端电位上升率慢于反相端，比较器输出低电平，继电器 K_1 开关触点开路，经过 R_3、R_4、C_2 延时电路延时后再接通扬声器，当扬声器接通时电路已经处于稳定状态。另一方面，在关闭扩音机时，电源电压逐渐下降，延时电容 C_1 通过二极管快速放电，同相端电位下降速度快于反相端，比较器输出低电平，继电器 K_1 开关触点断开，切断扬声器电路。

7.2　闪烁指示灯电路

常见的指示灯是固定亮度，不够美观也不够醒目，如果做成亮暗闪烁的会更好。指示灯亮暗闪烁就是对应电压周期性高低起伏，即存在振荡，要用到振荡电路。

7.2.1　RC 延迟反馈式迟滞振荡电路

图 7-7 是采用单极性电源供电的 RC 延迟反馈式迟滞振荡电路，是结构最简单的一类振荡电路，除了指示灯电路外，只有 1 个电压比较器和 4 只电阻、1 只电容组成。

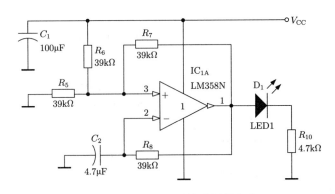

图 7-7　RC 延迟反馈式振荡电路

1）振荡过程

作为反馈式振荡电路的共同特征，是同时含有正、负反馈支路，或者是正反馈网络加负反馈放大器构成反馈式振荡电路，或者是正反馈网络加负反馈比较器构成反馈式振荡电路，图 7-7 是后一种电路。

图 7-7 适用于单电源 V_{CC} 供电的电路，所选用的芯片是运算放大器 LM358，实际上它工作在电压比较状态，这里的工作频率很低，允许将放大器用作电压比较，其好处是运放输出端可以少用一个上拉电阻。电压比较器输出端只有高、低两种电位 V_{oH} 和 V_{oL}，如图 7-8 中的 v_o 曲线。电路通过分压电阻 R_5、R_6 为电压比较器的同相端设置了一个中间参考电位，并通过正反馈电阻 R_7 改变这一中间电位值，产生了两个电压比较阈值，如图 7-8 中的 v_P 曲线 V_{PH} 和 V_{PL}。R_8、C_2 是延迟负反馈支路，C_2 称作定时电容，C_2 上的电位总是在 V_{PH} 和 V_{PL} 之间变化。它们的对应关系为：V_{oH}、V_{PH} 及 v_C 上升段是同一

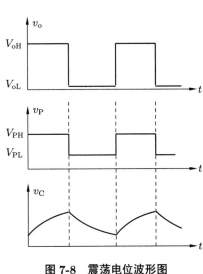

图 7-8　震荡电位波形图

个时间段；V_{oL}、V_{PL}、v_C 下降段是同一个时间段。

当电压比较器输出高电平 V_{oH} 时，其同相端也为高比较阈值 V_{PH}，这一阶段定时电容 C_2 上电位上升，达到 V_{PH} 值后，电压比较器输出电位发生翻转，变为 V_{oL}，其同相端电位也降为低比较阈值 V_{PL}，进入定时电容 C_2 上电位下降阶段，一直下降至 V_{PL} 值后电压比较器输出电位发生翻转，进入下一次循环。

2）振荡周期

振荡频率由定时电容 C_2 的充、放电时间决定，受到 V_{PH} 和 V_{PL} 值影响。

$$V_{PH} = \frac{\dfrac{R_5 R_6}{R_5 + R_6}}{\dfrac{R_5 R_6}{R_5 + R_6} + R_7}(V_{CC} - 1.5\text{V}) + \frac{\dfrac{R_5 R_7}{R_5 + R_7}V_{CC}}{\dfrac{R_5 R_7}{R_5 + R_7} + R_6}$$

其中的 $(V_{CC} - 1.5\text{V})$ 是指 LM358 运算放大器输出端的最高电位，其最低电位接近 0V，因此有：

$$V_{PH} = \frac{(R_5 R_6 + R_5 R_7)V_{CC} - 1.5 R_5 R_6}{R_5 R_6 + R_5 R_7 + R_6 R_7}$$

$$V_{PL} = \frac{\dfrac{R_5 R_7}{R_5 + R_7}V_{CC}}{\dfrac{R_5 R_7}{R_5 + R_7} + R_6} = \frac{R_5 R_7 V_{CC}}{R_5 R_6 + R_5 R_7 + R_6 R_7}$$

如果取 $R_5 = R_6 = R_7$，可以简化为：

$$V_{PH} = \frac{2}{3}V_{CC} - 0.5 \tag{7-1}$$

$$V_{PL} = \frac{1}{3}V_{CC} \tag{7-2}$$

根据一阶暂态电路完全响应式 $f(t) = f(\infty) + [f(0_+) - f(\infty)]\mathrm{e}^{-t/\tau}$，从 V_{PL} 到 V_{PH} 的电容充电过程为：$V_C(t) = V_{CC} + (V_{PL} - V_{CC})\mathrm{e}^{-t/R_8 C_2}$

充电时间：

$$t_1 = R_8 C_2 \ln \frac{V_{CC} - V_{PL}}{V_{CC} - V_{PH}} = R_8 C_2 \ln \frac{2V_{CC}}{V_{CC} + 1.5} \tag{7-3}$$

从 V_{PH} 到 V_{PL} 的电容放电过程为：$V_C(t) = V_{PH}\mathrm{e}^{-t/R_8 C_2}$

放电时间：

$$t_2 = R_8 C_2 \ln \frac{V_{PH}}{V_{PL}} = R_8 C_2 \ln \frac{2V_{CC} - 1.5}{V_{CC}} \tag{7-4}$$

振荡周期为：

$$T = R_8C_2\left(\ln\frac{2V_{CC}}{V_{CC}+1.5} + \ln\frac{2V_{CC}-1.5}{V_{CC}}\right) \tag{7-5}$$

3）连接成指示灯电路

反馈迟滞型振荡电路中有两处电位反复地变化：一是运算放大器输出端交替出现高低电位；二是定时电容 C_2 上端电位连续升降。若将振荡周期控制在 1s 左右，LED 发光二极管 D_1 连接于运算放大器的输出端，就是一个亮暗闪烁的指示灯。如果用电容 C_2 上变化的电压驱动 LED 管，可以获得亮度连续改变的闪烁指示灯，但 LED 与电容 C_2 之间必须通过电压跟随器隔离，如图 7-9 所示，否则 LED 电流会干扰 RC 定时电路工作，造成电路无法振荡。

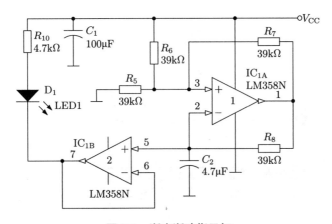

图 7-9　渐亮渐暗指示灯

7.2.2　文氏电桥正弦振荡电路

文氏电桥振荡电路如图 7-10 所示，由文氏滤波电路和负反馈放大电路两部分组成，同样体现了反馈式振荡电路的共同特征：同时含有正、负反馈支路，负反馈支路与放大器构成负反馈放大电路，再加上正反馈网络构成反馈式振荡电路。

图中 C_1、C_3、R_3、R_4 这 4 个元件串并联构成 RC 文氏选频网络，C_1 右端对地作为文氏网络输入，C_2 两端作为输出，其传输函数为：

$$\dot{F}_u = \frac{\dot{V}_P}{\dot{V}_a} = \frac{1}{3+j\left(\frac{\omega}{\omega_0}-\frac{\omega_0}{\omega}\right)} \tag{7-6}$$

其中振荡角频率 $\omega_0 = 1/R_3C_1$，V_p 是选频网络的输出电压，V_a 是放大器的输出电压。RC 文氏选频网络的频率特性如图 7-11 所示。

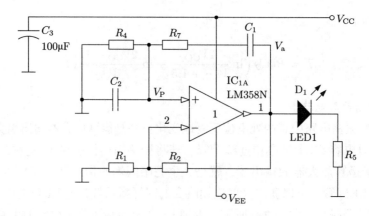

图 7-10 RC 文氏电桥正弦振荡电路

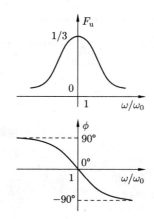

图 7-11 文氏网络频率特性

当 $\omega = \omega_0$ 时，反馈系数达到最大值：

$$\dot{F}_{\text{u}} = \frac{1}{3}$$

此时，输入与输出相移为 $\phi_{\text{f}} = 0°$。

正弦波是单一频率的信号。采用具有选频能力的网络作为振荡电路的正反馈支路，使得振荡电路也具有选频性能，则振荡电路有可能输出正弦波。以选频网络作为正反馈支路是正弦振荡电路的基本特征。4 类二阶 RC 滤波电路都属于振荡电路的结构，当 Q 值为负时就会进入振荡状态，并且可以产生正波输出。

负反馈放大电路的电压增益由负反馈支路 R_1、R_2 参数调节。从理论上说，只要负反馈同相放大电路的电压增益控制在 3 倍，即可获得很标准的正弦信号。但实际情况不可能是完全理想化的，一定存在误差，不可通过固定 R_1、R_2 参数获得正弦波。实际处理方法是设置 $R_2:R_1$ 略大于 2，再补以压敏负反馈支路进行限压使得振荡电路输出尽量接近正弦波。题图 7-1 电路中采用了稳压二极管限幅方法。

如果将文氏电桥正弦振荡电路用作指示灯，LED 连接于运放的输出端，振荡频率最好低于 1Hz，其效果是灯光亮度连续变化之中，十分醒目。

7.2.3 反馈式振荡电路的振荡条件

以上两个振荡电路是比较典型的反馈式振荡电路，从中可以总结出反馈式振荡电路的组成结构、工作方式等多方面特点。

1）电路结构特征

在负反馈放大电路的基础上，增加正反馈支路，就构成振荡电路，用框图 7-12 表示反馈式振荡电路的基本结构。

如果正反馈支路具备选频能力，则可以构成正弦波振荡电路。选频网络由 RC 组成的，称为 RC 正弦振荡器；选频网络由 LC 组成的，称为 LC 正弦振荡器。

图 7-12 中 $\dot{X}_o$ 代表输出电压或输出电流，

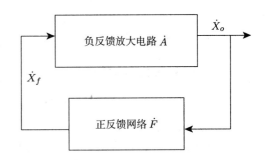

图 7-12 反馈式振荡电路基本结构

$\dot{X}_f$ 代表反馈电压或输出电流。振荡电路是将自身放大输出的信号 $\dot{X}_o$ 反馈回来再次放大输出，所以无须外界输入信号，即可输出某一形式的信号。

2）振荡平衡条件

振荡平衡条件就是电路稳定振荡的条件，通式为：

$$\dot{A}\dot{F} = 1 \tag{7-7}$$

通常把振荡平衡条件分解为振幅平衡条和相位平衡条件分别表示：

$$\left|\dot{A}\dot{F}\right| = AF = 1 \tag{7-8}$$

$$\varphi_A + \varphi_F = 2n\pi \tag{7-9}$$

式（7-8）称为振幅平衡条，式（7-9）称为相位平衡条件，两个条件都要满足才会振荡。虽然二阶 RC 滤波电路满足相位平衡条件，但是其放大电路的电压增益控制在 2 倍以下，使其不满足振幅平衡条件，就不会引起振荡，才能体现出滤波效果。

实际振荡电路在振荡过程中，电压增益 $\dot{A}$ 是随幅度变化的，才得以体现出总体平衡，在某一瞬间往往处于不平衡状态。

3）起振条件

起振是振荡电路从无振荡信号开始逐渐增大振荡信号幅度的过程，这是振荡电路必须经历的阶段。因此，振荡电路必须满足：

$$AF > 1 \tag{7-10}$$

式（7-10）称为起振条件。在 RC 文氏桥式正弦振荡电路设计中，要求 $R_2 : R_1$ 略大于 2 倍，就是为了满足起振条件。满足起振条件的振荡电路才能自己建立振荡，才有可能稳定工作。信号幅度增大至一定程度，放大电路的电压增益必下降，最后自然进入平衡状态。

7.3 自动关机电路

人们总是希望一些机械化的简单动作由设备自动完成。对于扩音机而言，音响重放设备停止工作后自动关闭电源，会给使用者带来方便，可考虑设置定时关机电路，当扩音机待机一段时间后，能够自动关闭电源。

7.3.1 自动关机电路结构

是否执行自动关机的判断依据是放大电路中有无音频信号、音频信号消失的时间长短。因此，自动关机电路包含对音频信号的检测、判断、定时等功能。图 7-13 就是一款基于 BISS0001 芯片实现扩音机自动关机的电路，图中继电器的开关触点与扩音机电源开关串联，K_1 是开机按钮，在打开电源开关后，按下 K_1 接通电源，继电器得电并自锁；继电器触点断开即关闭电源。

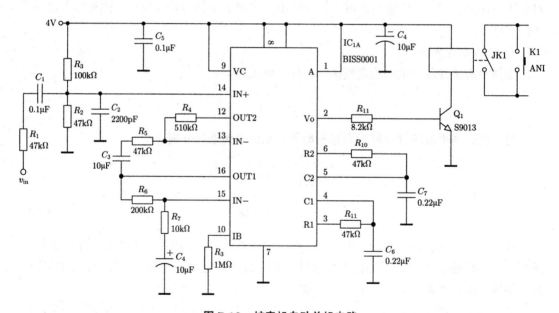

图 7-13 扩音机自动关机电路

7.3.2 自动关机电路工作原理

1）BISS0001 芯片的功能

BISS0001 是 CMOS 型数模混合专用集成电路，内含高输入阻抗运算放大器、振荡器、计数器、控制器电路，工作电源电压范围为 3.0～5.0V（图 7-14、表 7-1）。

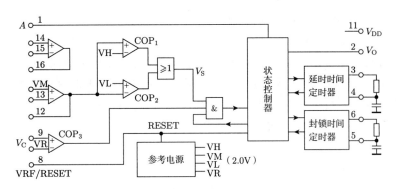

图 7-14　BISS0001 等效逻辑图

表 7-1　BISS0001 引脚功能

脚号	符号	功　能
1	A	可重复触发和不可重复触发控制端。当 A ="1"时，允许重复触发；当 A ="0"时，不可重复触发。（重复触发指受触发后，输出高电平时，继续接受触发，保持高电平）
2	V_O	控制信号输出端，由 V_S 的边沿触发，使 V_O 从低电平跳变到高电平为有效触发。在输出延迟时间 T_x 之外和无 V_S 上跳变时，V_O 为低电平状态
3，4	RR_1，RC_1	输出延迟时间 T_x 的调节端。$T_x = 49152R_1C_1$
5，6	RR_2，RC_2	触发封锁时间 T_i 的调节端。$T_i = 24R_2C_2$
7	V_{SS}	工作电源负端，一般作为地端
8	VRF/RESET	参考电压及复位输入端。一般接 V_{DD}。接 "0" 时可使定时器复位
9	V_C	触发禁止端。当 $V_C < V_R$ 时，禁止触发；当 $V_C > V_R$ 时，允许触发。$V_R = 0.2V_{DD}$
10	I_B	运算放大器偏置电流设置端。经由 1M 左右的 R_3 接 VSS 端
11	V_{DD}	工作电源正端
12	AVO2	第二放大器输出端
13	V-2	第二放大器反相输入端
14	V_{+1}	第一放大器同相输入端
15	V_{-1}	第一放大器反相输入端
16	AVO1	第一放大器输出端

　　外输入信号经两级运放放大后，送到由 COP_1 和 COP_2 组成的双向鉴幅器，检出有效触发信号 V_S。其中 $V_H \approx 0.7V_{DD}$，$V_L \approx 0.3V_{DD}$，当 $V_{DD} = 5.0V$ 时，可有效地抑制 ±1V 的噪声干扰，提高系统的可靠性。COP_3 是一个条件比较器，当输入电压 $V_C < V_R(\approx 0.2V_{DD})$ 时，COP_3 输出为低电平，封锁住了与门，禁止触发信号向下级传递；反之，与门开启，若有触发信号 V_S 的上升沿到来，则可启动延时定时器，同时，V_O 端输出高电平，进入延时周期。当 A 端接 0 电平时，在 T_x 时间内任何触发都被忽略，直到 T_x 时间结束，即所谓不可重复触发工作方式，当 T_x 结束时，V_O 跳回到低电平，同时启动封锁时间定时器而进

入封锁周期 T_i，在封锁周期 T_i 时间内，任何触发都有不能使 V_O 为有状态。这一功能设置，可有效抑制负载切换过程中产生的各种干扰。

当 A 端接高电平时，V_S 可重复触发 V_O 为有效状态，并在 T_x 周期内一直保持有效状态。在 T_x 时间内，只要有 V_S 的上升沿出现，则 V_O 将从 V_S 上升时刻算起重新延长一个周期 T_x；若 V_S 保持为 "1" 状态，则 V_O 一直保持有效状态；若 V_S 保持为 "0" 状态，则在 T_x 周期结束后 V_O 回到恢复为无效状态（"0" 状态），并且在封锁时间 T_i 内，任何 V_S 的变化都不能触发 V_O 为有效状态。

2）自动关机电路的工作原理

将芯片的第 1 端置于高电平，使之可重复触发。被检测信号取自前置放大器的入口，当扩音机在正常工作时，有幅度足够大的音频繁信号输入自动关机控制电路，送至芯片的 14 端，不断触发芯片内部的定时器，芯片的输出端 2 一直保持高电平，使得继电器保持吸合状态。

当扩音机停止播放音频信号，则基本无信号输入自动关机控制电路，不再触发芯片内部的定时器，延时时间定时器处于计时状态。如果音频信号消失时间超过预设的定时时间，则芯片的输出端 2 变为低电平，继电器失电释放，切断扩音机的输入电源，完成关机动作。若要再次开机，必须人为按动开机按钮。

考虑更声源所需的停顿时间、人为操作等因素，预设的延时时间以 5min 左右为妥。即连续 5min 内放大电路均无信号输入，就执行关机动作。

7.3.3 自动关机电路的可靠性控制

自动关机电路所检测的音频信号应该来自音量电位器之前，如果有多信道选择电路的应该在多信道选择电路之后，这样处理可以防止调节音量时影响检测灵敏度。要可靠区分扩音机是否处于工作中，既要保证扩音机前端输入信号的检测灵敏度，又要防止噪声等到干扰信号对自动关机电路的影响。标准的线路输入幅度为 100mV，CD 机、DVD 机输入的信号幅度更大，因此可以将被检测信号的阈值定为 10mV，它远低于任何一类声源的输入幅度，又远高于一般干扰噪声的幅度，工作可靠性高。

在施加近 4V 工作电压时，BISS0001 芯片的内部触发电压约为 1V，芯片信号放大部分的总电压增益应该达到 100 倍。如果芯片的电压增益设置为 200 倍，则灵敏度阈值降为 5mV。

另外，要防止电源电压波动后影响自动关机电路的工作可靠性。自动关机电路自身要有良好的稳压性能和储电时间，要使得继电器电源掉电后自动关机电路再断电，这样，关机电路断电时的电压变化可能引起的误动作不会再次启动继电器。

自动关机电路的继电器开关触点最好连接在交流电源的输入端，以保证关机后设备能够彻底切断电源，提高设备的安全性。

7.4　扩音机输出功率指示电路

7.4.1　基于 AD633 的模拟量乘法电路

经常测量的电能数是电压、电流,若要测量输出功率就是要计算输出电压、电流的乘积,即 $p = vi$。目前,乘法运算大多依靠微机处理,优点是准确度比较高,缺点是所采用的电路规模比较大,一般要做模数转换、数模转换等环节,且计算量大。而模拟乘法处理的电路却十分简单,特别对于高频信号的相乘处理,模拟乘法电路更不可或缺。可以进行乘法运算的电路种类也比较多,多数是依靠半导体 PN 结的非线性特性实现。

AD633 芯片是四象限模拟乘法器,是专门为模拟信号的相乘而设计的,可以方便地实现 1MHz 以下模拟信号的乘、除、乘方、开方等运算。芯片内部是双差分对电路结构,不需要外部进行平衡度调节,其应用电路十分简单。图 7-15 所示电路是由 AD633 芯片构成的模拟乘法电路,用于共地信号的相乘。电路有两个差分信号输入端口 $X_+ - X_-$ 和 $Y_+ - Y_-$,两个差分信号的乘积结果在芯片的 5 端输出。从理论上分析,输入、输出间电压存在如式(7-11)所示的简单关系,其中的 Z 是外输入直流电压,可以对芯片输出端的中心电位进行调节。这一关系成立的条件是电路静态设置满足芯片的工作电压要求,即采用双电源供电,电源电压 V_{CC} 为 $\pm(8 \sim 18)V$,输出电压峰值小于 $V_{CC} - 3V$,并由此限制差分输入电压值。

$$v_{\text{o}} = \frac{(X_+ - X_-)(Y_+ - Y_-)}{10V} + Z \qquad (7\text{-}11)$$

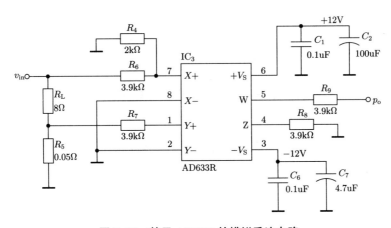

图 7-15　基于 AD633 的模拟乘法电路

图 7-15 电路采用不对称信号输入方式,考虑对电压幅度较大的输入信号进行测量,通过 R_6、R_4 分压电路衰减后再输入 X 端口。如果输入信号的电压幅度较小,就不必使用电阻衰减网络。负载电流通过通过电流取样电阻 R_5 转换成电压信号后直接输入 Y 端口,

取样电阻值视电流大小而定，保证电压电流值相乘后的输出量不超过极限值即可。Z 端口直接接地，不外加直流偏移。

以上电路适用于单端对地的不平衡信号输入，对于平衡输入信号的相乘运算，需要将信号通过平衡 – 不平衡转换电路处理之后，再输入模拟乘法电路。

7.4.2　平衡至不平衡转换电路

如果两条信号线中有一条是地线，称为不平传输；如果两条信号线对地线均呈现对称结构，例如 BTL 类功率电路的输出电压、电流无共地特性，称为平衡输出或平衡输送方式。平衡传输信号时没有公共地线作参考，抗干扰能力较弱，为了提高抗干扰能力，很多电路参数测量一般采用不平衡方式，即两条信号传输线中一条作为地线，另一条为芯线，如信号源的输出线、毫伏表的输入线，示波器的探头等都采用同轴电缆结构，就是不平衡输送方式。对于平衡输送方式的电路，为了配合通用测量仪表，往往需要进行平衡至不平衡转换。

早期的平衡 – 不平衡转换采用变压器实现，其高低频特性不均衡，现代基本采用运算放大器电路实现。运算放大器的信号输入口本身是平衡结构，其信号输出口是不平衡结构，可以直接利用运算放大器实现平衡至不平衡的转换。双电源供电电路如图 7-16 所示。在线性工作区域，式（7-13）是其输出电压计算式。

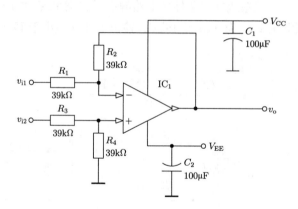

图 7-16　平衡至不平衡转换电路

$$v_\text{o} = \frac{R_2}{R_1}\left(1 + \frac{R_4}{R_3 + R_4}v_\text{i2}\right) - \frac{R_2}{R_1}v_\text{i1} \qquad (7\text{-}12)$$

当 $R_1 = R_3$，$R_{21} = R_4$ 时，计算式简化为：

$$v_\text{o} = \frac{R_2}{R_1}(v_\text{i2} - v_\text{i1}) \qquad (7\text{-}13)$$

这是最典型的配置方式，输出电压完全决定于输入信号电压的差值。

如果电路采用单电源供电，则需要给运放输入端设置静态电位。单电源供电的电路如图 7-17 所示。式（7-14）是其线性工作区域的输出电压计算式。

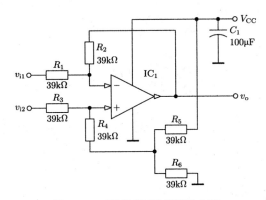

图 7-17　平衡至不平衡转换电路

$$\frac{R_1}{R_1+R_2}v_o+\frac{R_2}{R_1+R_2}v_{i1}=\frac{R_4+\dfrac{R_5R_6}{R_5+R_6}}{R_3+R_4+\dfrac{R_5R_6}{R_5+R_6}}v_{i2}+\frac{\dfrac{(R_3+R_4)R_6}{(R_3+R_4)+R_6}}{R_5+\dfrac{(R_3+R_4)R_6}{(R_3+R_4)+R_6}}\frac{R_3V_{CC}}{R_3+R_4}$$

当 $R_3=R_1$，$R_4+\frac{R_5R_6}{R_5+R_6}=R_2$ 时，上式简化为：

$$v_o=\frac{R_2}{R_1}(v_{i2}-v_{i1})+\frac{R_1R_6+R_2R_6}{R_3R_5+R_4R_5+R_5R_6+R_3R_6+R_4R_6}V_{CC}\qquad(7\text{-}14)$$

式中，$\frac{R_2}{R_1}(v_{i2}-v_{i1})$ 是信号分量，$\frac{R_1R_6+R_2R_6}{R_3R_5+R_4R_5+R_5R_6+R_3R_6+R_4R_6}V_{CC}$ 是静态电压，两部分可以相互独立调整。按照图 7-13 中电阻取值，$v_o=(v_{i2}-v_{i1})+\frac{V_{CC}}{2}$。

　　如果需要高输入阻抗，则可采用图 7-18 所示的转换电路，实际是在图 7-17 电路基础增加了两路阻抗变换器，一般将电阻参数取为 $R_7=R_6$，$R_3=R_1$，$R_4=R_2$，式（7-15）是其输出电压计算式。

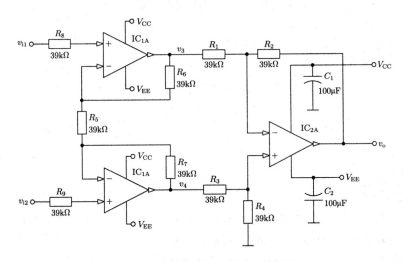

图 7-18　高阻平衡至不平衡转换电路

$$v_4 - v_3 = \frac{2R_6 + R_5}{R_5}(v_{i2} - v_{i1})$$

$$v_o = \frac{R_2}{R_1}\left(1 + \frac{2R_6}{R_5}\right)(v_{i2} - v_{i1}) \qquad (7\text{-}15)$$

这一转换电路的输入阻抗是运算放大器输入阻抗的两倍，如果采用场效应管输入结构的运算放大器，则低频输入阻抗为无穷大。

7.4.3 基于硬件电路的功率计

如果要显示功率放大器的实际输出功率，需要配置一个功率计。目前的功率计产品多以数字运算方式实现，但对于音频信号幅度变化多、频率变化多等情况，给数字采样运算造成了很大麻烦，使得功率计输出的准确度较低；同时受高速实时采样的影响，普通微处理器难以实现。如果采用模拟乘法器进行预处理，完成功率至电平的转换，然后进行数字化显示，必将会降低设计难度。

由于模拟乘法器电路均采用不平衡输入方式，对于 BTL 类平衡输出的功率电路，先要经过平衡至不平衡转换之后，再将信号输入模拟乘法器，其组成结构如图 7-19 所示，由平衡至不平衡转换、模拟乘法器、数值指示器 3 个模块构成。如果以不平衡方式输出的功率电路，如 OTL、OCL 功放电路的输出，则可以省略图 7-19 中的平衡至不平衡转换模块。

采用 AD633R 类专用模拟乘法器制作电功率测量电路，有助于提高测量精度。数值指示器的作用是完成 A-D 转换和数值校准。

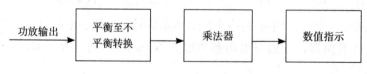

图 7-19　功率值指示器的组成

7.5　多信源选择电路

扩音机、均衡器等往往设置有多路信号输入口，如 CD 机信号、DVD 机信号、MP3 信号等输入口，需要从中选择一路信号重放。其中所涉及的器件一般被安排在数字电子技术教材中讲述，在实际应用中，往往无法局限于某一门课程的内容，可以作为一个简单功能的电子器件看待，重点把握器件的外部功能特性。

7.5.1 模拟开关

多信源选择电路一般由模拟开关完成，便于实现电子操控。典型器件有 CD4051、CD4052、CD4053 等。模拟开关内部是由场效应管提供信号通路的集成芯片，当增强型场效应管栅极电压为零时，场效应管截止，信号通道被是关闭；当场效应管栅极加电压时，场效应管漏源间导通，此时场效应实际工作在变电阻区，导通电阻从几十欧姆至几百欧姆不等。

　　模拟开关作为一个集成电路，工作时需要加上直流电压，为了能输送有正负极性的交流信号，通常需要配上正负电源。除了电源端口外，还有模拟信号输入、输出端口、通道选择控制端口以及其他功能端口。图 7-20 是 CD4052 双 4 选 1 模拟开关，它有两套 4 输入选 1 输出的开关电路，共同受 2 位二进制数码控制，另外还有一个片选端口 6，该端处于低电平时，芯片正常工作，反之该端置高电平时，芯片模拟信号通道输出端呈现高阻状态，各端口控制关系可以用图 7-20 中右侧表格中内容描述。

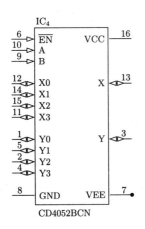

EN	B	A	X	Y
0	0	0	X = X0	Y = Y0
0	0	1	X = X1	Y = Y1
0	1	0	X = X2	Y = Y2
0	1	1	X = X3	Y = Y3
1	X	X	高阻	高阻

图 7-20　模拟开关芯片

　　模拟开关集成芯片的型号较多，电路设计中选择余地较大，除了双 4 通道模拟开关 CD4052 外，还有四 2 通道模拟开关 CD4551，单 8 通道模拟开关 CD4051，四双向模拟开关 CD4016 和 CD4066，三 2 通道模拟开关 CD4053，单 16 通道模拟开关 CD4067，双 8 通道模拟开关 CD4097。这里选用 CD4052 作为模拟开关，是为了与双声道扩音机配套。

7.5.2　信源选择电路

　　用模拟开关对信号通道进行选择是目前信号通路无触点处理技术的唯一手段。无触点四通道声源选择电路如图 7-21 所示，电路由一块模拟开关芯片、一块 D 触发器芯片和一块译码芯片组成。模拟开关通道选择所需的 2 位二进制数码可以由单片机提供，也可由数字芯片产生，这里采用 D 触发器产生 2 位二进制数码，更加贴合基础电子电路的应用。操作时用按钮开关 K_1 转换 2 位二进制数码，从而选择四个信源之一送入信号放大通道，一般是送至前置放大器。

　　IC_2 是一块 D 触发器芯片，是具有记忆能力的逻辑器件，其输出端 Q 的当前状态 Q_n 等于输入端 D 的以前状态状态 D_{n-1}。从 D 触发器的特性方程 $Q_n = D_{n-1}$ 可知，随 K_1 通 - 断动作，AB 电平组合依 $00 \rightarrow 10 \rightarrow 01 \rightarrow 11 \rightarrow 00$ 顺序循环，就形成了 2 位二进制数码。该二进制数码控制模拟开关选择四组信号源中的一组信源作为输出，同时通过译码芯片 IC_4 选择四个指示灯 D_1、D_2、D_3、D_4 中的一个发光，每一个指示灯对应某一组信号源被选中，用作当前通道指示。

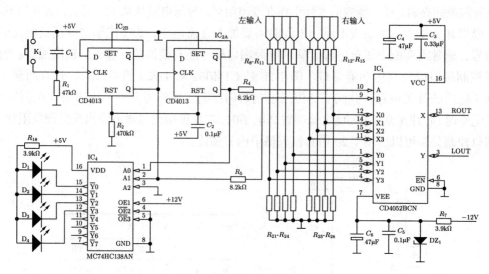

图 7-21　信号源选择电路

图 7-21 电路中 C_1 是消噪电容，C_2、R_2 组成上电复位电路，每次开机上电复位后默认数码为 00，即首选 X_0 和 Y_0 信源。R_7、D_5 构成模拟开关的负电源稳压电路，C_3、C_4、C_5、C_6 是电源滤波电容。

此电路属于简单逻辑控制网络，装配过程中无须调整，只要电路连接正确即可工作。

实　验

1. RC 定时电路实验

以图 7-1 和图 7-6 电路为模板，设计一个 RC 定时电路，确定定时时间测量方案并测量电路的定时时间，与理论计算值比较。

2. RC 延迟反馈式振荡电路

参照图 7-7 和图 7-9 所示电路连接，采用单电源供电，测量运算放大器输出端电位波形和积分电容 C_2 两端的电压波形，并比较两者之间的相位关系；测量振荡频率，与理论计算值比较，分析产生频率误差的原因。

可以将电路改成闪烁指示灯电路，用发光二极管发光，闪烁频率为 0.5 ~ 2Hz，闪烁方式：①亮暗闪变型；②渐亮渐暗型。

3. RC 正弦振荡电路

为了获得正弦波，需要在反馈网络中加入选频电路。RC 文氏电桥正弦振荡电路是其中之一，实际所有二阶 RC 滤波电路都包含了二阶 RC 选取频网络，都可以作为正弦振荡电路使用。

任选其中一个电路进行实验，控制电路的电压增益大小，使之输出波形接近于正弦波，测量实验电路的实际电压增益大小和振荡频率，与理论计算值比对。

[思考与练习]

1. 扩音机自动关机电路选什么频率的信号触发为好？

2. 重复触发和不可重复触发是指什么？

3. 如果在没有音乐信号输入的情况下，被反复自动开机，可能原因是什么？

4. 正弦振荡电路输出梯形波的原因是什么？

5. 普通运算放大器的最高输出电平为 V_{CC}-1.5V，对于图 7-3 所示的 RC 延迟反馈式振荡电路，如果 $R_5 = R_6 = R_7$ 试证明其振荡周期的计算式为：

$$T = R_8 C_2 \left(\ln \frac{2V_{CC}}{V_{CC} + 1.5} + \ln \frac{2V_{CC} - 1.5}{V_{CC}} \right)$$

6. 请计算题图 7-1 限幅式正弦振荡电路所输出的幅度。设稳压二极管的实际反向击穿电压为 V_{DZ}，实际反向击穿电压明显比标称电压低；稳压二极管的正向导通电压为 0.7V。

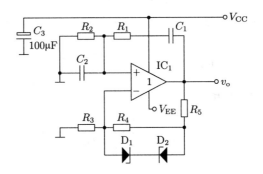

题图 7-1　限幅式正弦振荡电路

7. 证明题图 7-2 三角波 – 方波振荡电路的频率计算式：

$$f = \frac{R_3}{4CR_2R_4}$$

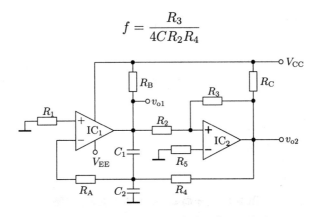

题图 7-2　线性三角波 – 方波振荡改进电路

8.请确定题图 7-3 所示振荡电路的类型；当 $R_6 = 0$ 时，请证明它的振荡频率计算式如下：

$$f \approx \frac{R_5 \left(R_1 V_i V_z - R_6 V_i^2 \right)}{2 R_4 R_1^2 C V_z^2}$$

式中，V_Z 是双向稳压管 D_2 的稳压值。

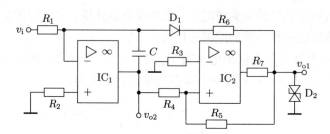

题图 7-3　RC 振荡电路

9.证明上述电路实现三角波振荡应该具备的条件：$2V_i R_6 = V_Z R_1$。

10.荡电路输出的三角波的线性度是如何得到保证的？

11.题图 7-4 是基于晶体三极管的模拟乘法电路，试证明其电压转移关系：

$$v_o = -I_S R_8 e^{\left(\frac{R_7}{R_5} V_T \ln \frac{v_{i1}}{I_S R_1} + \frac{R_7}{R_6} V_T \ln \frac{v_{i2}}{I_S R_3} \right) / V_T}$$

当 $R_1 = R_3 = R_5 = R_6 = R_7 = R$ 时，可简化为：

$$v_o = -\frac{R_8}{I_S R^2} v_{i1} v_{i2}$$

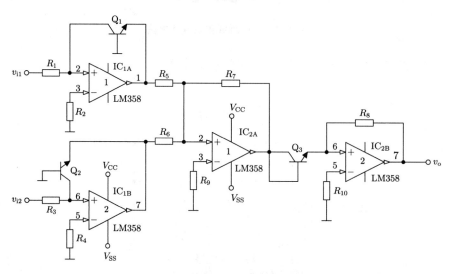

题图 7-4　基于晶体三极管的模拟乘法电路

第 8 章　D 类功率放大电路

D 类功率放大电路是采用非线性电路实现信号线性放大的一类电路，其最大优点是工作效率高。这一章中包含了线性放大技术、RC 振荡技术、PWM 调制技术，脉冲开关技术、准谐振技术、分频滤波技术等，是电子技术的一个综合性应用。本章作为电子技术的典型应用，对 D 类功率放大电路进行探索。

8.1　D 类功率放大器概述

在大功率放大器中，放大电路的效率是一个需要关注的参数。甲类（A 类）功率放大器的效率最低，甲乙（AB 类）类功率放大器的理想效率可达到 78%，但实际电路不可能超过 50%，效率还是不够高，因此，更高效率的 D 类功率放大器就被重视。

8.1.1　D 类功率放大器的工作特点

若用一句话概括 D 类功率放大器的工作特点，就是采用脉冲电路实现模拟信号线性放大，其中的关键技术是 SPWM 调制。

1）SPWM 调制方案

造成功率放大器工作效率低的根本原因是在信号输出至负载的同时，功率器件上还分配有较大的电压。若要提高工作效率，就是要减少功率器件自身的功率损耗。器件的功率损耗为 $P_T = VI$。如果加电压 V 时把电流 I 减至最小，或者通电流 I 时将电压 V 降至最低，则 P_T 就有可能降低。所谓 D 类功率放大器，就是脉冲功率放大器，首先将音频信号转成脉宽变化的形式，再由脉冲放大器放大输出，然后通过低通滤波电路还原成音频信号。由于脉冲放大器工作在开关状态，电路本身的损耗只限于三极管（或场效应管）导通时饱和压降引起的损耗和开关损耗，适当选择元件和工作模式，可以使得总损耗较小，因而电路工作效率较高。

这类方式的放大电路本身工作在非线性状态。为了实现线性信号的传送，采用了 PWM 技术，即音频信号幅度的大小体现在脉冲信号的宽度中。脉冲宽度大代表音频信号幅度大；反之，脉冲宽度小则代表音频信号幅度低。对正弦信号进行调制时，称为 SPWM 调制，调制后的脉冲宽度按正弦规律变化，如图 8-1 所示。

D 类功率放大器往往用于大功率场合，其输出电路以全桥驱动为宜，这样在有限的工作电源电压下，可以获得最大的输出功率。

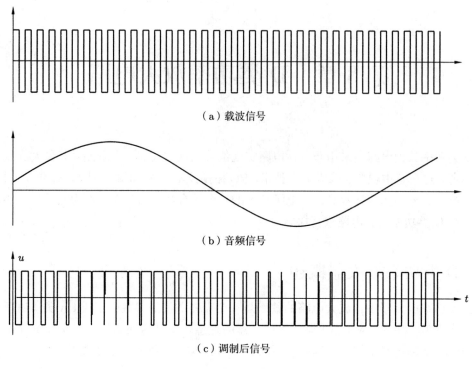

（a）载波信号

（b）音频信号

（c）调制后信号

图 8-1　SPWM 波形图

2）分频滤波还原音频信号

D 类功率电路输出的信号中包含了高频脉冲信号和音频信号。在 D 类功率放大器输出电路中，需要连接 LC 低通滤波电路，以滤除高频脉冲信号，保留其中的音频信号输出，防止开关脉冲影响声音质量。低通滤波电路的阶数越高，滤波效果越好，一般都采用二阶以上的滤电路。目前，只有在开关频率特别高的小功率 D 类功率放大器中，省略了后续的滤波电路。

8.1.2　D 类功率放大器的基本结构

作为一种新型的高效率放大器，目前已推出了多款型号的专用 D 类功率放大集成电路。如 TDA7480、TDA7481、TDA7482、MAX9714、MAX9712（配耳机用）等。此类电路将脉宽调制电路（PWM）和功率放大电路集成在一起，只需外接低通滤波电路即可。这类电路具有输出功率大，电路简单等，特别适合于大屏幕彩电的输出、车载立体声系统、多媒体计算机功放、音响系统中的重低音输出等。对于大功率的 D 类功率放大器，电路只能采用多部件组合而成。

为了实现 PWM 调制与脉冲功率放大，不管是集成器件还是模块组合电路，D 类功率放大器包含四个部分：锯齿波发生器、脉宽调制电路、脉冲功率放大电路、低通滤波电路，如图 8-2 所示。对于开关频率较高的 D 类功率放大器，可以不配置专用的低通滤波器，利用馈电线也可以起到低通滤波效果。

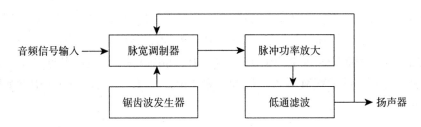

图 8-2　D 类功率放大器组成框图

决定 D 类功率放大器性能的两个关键电路是脉冲功率放大电路和 PWM 电路。脉冲功率放大电路一般采用桥式结构，PWM 电路必须实现线性调制要求。

8.2　PWM 芯片驱动的 D 类功率放大器

现有 D 类集成功放芯片只能输出小功率信号，若进行大功率放大，如输出 100W 以上功率，还得设计者自己组建电路。PWM 集成芯片已经具备了良好的 PWM 调制功能，可以利用这一类芯片的功能设计大功率 D 类低音放大器，设计的重点是把握信号传输的线性度指标。

8.2.1　电路结构和工作原理

大功率电路的典型结构是半桥式功率电路，专门驱动半桥功率电路的配套芯片较多，如 L6384、IR2101、IR2110、IR2111、IR2125、IR2181、IR2183、IR2213 等。两个半桥式功率电路可以组成 BTL 结构的功率电路，又称为 H 功率桥电路。

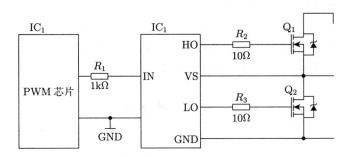

图 8-3　基于 PWM 芯片的半桥功率电路连接关系

1）PWM 芯片选用

有了半桥功率电路的驱动芯片，PWM 集成芯片只需要对地线输出脉冲信号即可，有 SG3525、TL494、TL3842 等。其中 TL494 芯片的调整范围较宽，PWM 线性度较好。考虑 SPWM 调制的特点，从正弦信号的正峰到负峰进行线性连续调整，这里以 TL494 芯片输出单脉冲方式为例组建电路。

TL494 芯片输出单脉冲的电路如图 8-4 所示，V_{CC} 与 GND 是电源端口，有两组输出端 C1–E1 和 C2–E2，本方案中只使用 C1–E1 端口；芯片内部有两个误差放大器，本方案中只使用 1、2、3 端所对应的误差放大器，其中第 2 端输入调制电压，第 1 端输入反馈电压；第 14 端是芯片内部 5.0V 基准电压输出端，可为外部电路提供稳定的基准电压。TL494 芯片输出具有固定频率的 PWM 脉冲，脉冲频率 f 由 C_1、R_1 确定，图 8-4 中参数所确定的频率约为 61kHz。

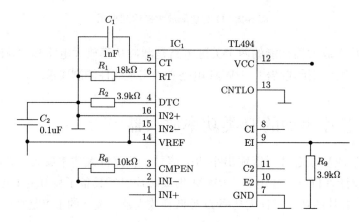

图 8-4 基于 TL494 的 WPM 电路

$$f = \frac{1.1}{R_1 C_1}$$

要正确应用 TL494 芯片，还需要把握更多的参数。TL494 的详细使用方法可以参考芯片资料的说明。

2）基于 TL494 的 D 类功放电路工作原理

图 8-5 是 TL494 芯片构成 D 类功放的基本电原理图，音频信号从左侧 IN 端口输入，右侧 OUT 是功率放大器的信号输出端口。图中设置有直流偏置调整电路 R_3、R_4、R_5，静态条件下将输出端的电位调整至线电压的 $1/2$。

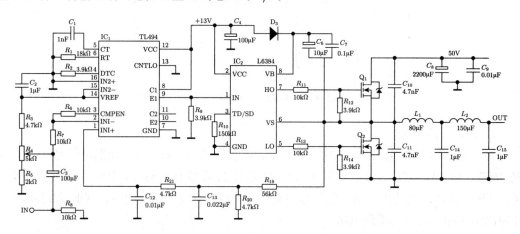

图 8-5 基于 TL494 芯片的 D 类功率放大电路

图 8-5 中功率电路的开关频率由 PWM 调制电路确定，TL494 完成音频信号的 PWM 功能，输出占空比约为 5% ～ 95% 可线性调整的单个脉冲；调制后的 PWM 单脉冲信号再经过 L6384 芯片，分离成两个反相的驱动脉冲，同时留出两个脉冲之间的死区时间 t_d。死区时间是指半桥功率电路中高、低侧功率管均不导通的时间，以防止出现高低侧功率管直通的恶劣情况。除了死区时间外，高低侧功率管总是处于一个导通另一个截止的交替状态，功率电路的输出电压完全由高低侧功率管开通比例决定。

$$v_o = \frac{t_H - t_L}{T} \cdot \frac{V_{DD}}{2}$$

式中，T 是开关脉冲周期；t_H 是半桥功率电路高侧管开通时间；t_L 是半桥功率电路低侧管开通时间；半桥功率电路的死区时间用 t_D 表示；V_{DD} 是功率电路的供电电压，即线电压。

图 8-5 电路中 D_3、C_6、C_7 构成自举电压电路，是为了给高侧功率管栅极驱动电路供电。工作中高低侧功率管总是交替导通，低侧管每导通一次，通过 D_3 向电容 C_6 充一次电，在高侧管导通时就有了足够高的供电电压。对于 L6384 芯片，内部已经包含了自举升压二极管 D，图中还是设置了 D_3，主要是为了方便理解。

由于栅极驱动芯片的输入输出信号之间存在延时，脉冲功率电路存在非线性因素。为了提高信号传输的线性度，引入负反馈支路 R_{19}、R_{20}、R_{21}、C_{12}、C_{13}。通过 RC 积分电路滤除高频脉冲信号后，将低频信号反馈至误差放大器，使得输出的音频电压尽量跟踪输入音频信号而变化。RC 积分反馈的时间常数不能过大。

8.2.2　D 类功放电路的主要性能指标

D 类功率放大电路可以从多方面指标描述其性能，这里只讨论工作效率、输出功率、线性度问题三大性能指标。

1）影响电路工作效率的因素

D 类功率放大电路的工作效率不能像线性功率放大电路那样采用一个固定公式计算，由计算公式来反应关联因素。分析 D 类功率放大电路的工作效率只能从影响电路工作效率因素着手，有针对性地加以适当控制。

①导通损耗：功率放大电路的输出电流较大，这一电流流经功率管时必定存在损耗，称为导通损耗。

②开关损耗：因 D 类功率放大电路工作在开关状态，开与关转换时一般存在损耗，称为开关损耗。为了降低开关损耗，可以在硬开关技术基础上结合准谐振技术进一步提高电路的工作效率。

③驱动损耗：功率强效应管栅、源极间存在较大电容量，在高频率开关条件下，其栅极充放电存在功率损耗，如对于 3000pF 的栅源电容，10V 驱动电压，电容的储能量为 0.15μJ，每周充、放电各一次，每一次充电或放电均消耗与电容储电相等的能量，每一周消耗电 0.3μJ，100kHz 的开关频率，因而消耗的功率约为 0.3W。H 桥功率电路 4 个场效

应管共消耗驱动功率1.2W。不同型号的场效应管栅极电容不同，因而消耗的驱动功率也不同。

$$w_C = \frac{1}{2}CV^2 \tag{8-1}$$

这里反映出对功率场效应管的选择很重要，应当选择导通内阻小、开关速度快的场效应管。低耐压场效应管的导通内阻比高耐压管的小，导通损耗就低，因此要用耐压尽量低一些的场效应管；开关速度快往往对应栅极电容量小，对应驱动损耗就低。

2）D类功放电路的最大输出功率

功放输出音频信号的幅度正比于脉冲占空比 D，正比于功率桥工作电压 V_{DD}。

$$V_{om} = D(V_{DD} - 2V_{DSS}) \tag{8-2}$$

最大输出功率为：

$$P_{om} = \frac{V_{om}^2}{2R_L} = \frac{D^2(V_{DD} - 2V_{DSS})^2}{2R_L} \tag{8-3}$$

D类功率放大电路的额定输出功率大小基本决定于功率桥电路工作电压值 V_{DD}。

3）信号传输的线性度问题

理想情况下，芯片的脉冲宽度与输入电压成正比例关系。但实际信号传输过程中经过多个环节，存在非线性变化，最后输出信号失真度比较大。因此，开环结构的放大电路很难降低失真度指标。若要降低失真度，需要引入音频信号负反馈网络，但如果音频信号输出需滤波后获得，负反馈必定存在延时时间，会造成系统工作不稳定，必须在音频信号滤波前的脉冲电压中获取。

8.2.3　D类功率放大器的输出滤波电路

D类功率放大器输出滤波的目的是滤除开关脉冲的频率成分，还原出音频信号。D类功率放大器输出滤波电路均采用高阶 LC 低通滤波器。

1）低通滤波电路截止频率的确定

功率电路输出信号体现为脉冲形式，但其中包含了10kHz以下的正弦信号。D类功率放大电路中开关频率 f_s 远高于音频信号频率，一般脉冲频率 f_s 控制在50kHz以上，音频信号频率限制在10kHz以下，这样两者频率区别明显，采用低通滤波电路对音频信号进行提取。一阶低通滤波电路的传输特性在截止频率附近是单调下降的，如图8-6中的曲线1；二阶及以上滤波电路在截止频率附近往往存在一个增提升点，如图8-6中的曲线2。

输出滤波电路截止频率分两种方案确定：一是截止频率按等比例原则选择在10～50kHz之间，如定为25kHz，高阶滤波电路可以有效区分两类信号；二是利用二阶滤波电路的增益提升效应，将截止频率选择在略高于10kHz，如12kHz频率点，同时结合前置10kHz的一阶低通滤波电路，两者增益提升与衰减互补，获得更加理想的合成频率特性，如图8-6中的曲线3。

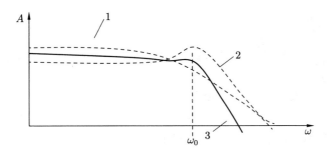

图 8-6　LC 滤波器特性曲线

2）确定低通滤波电路元件参数

以 LC 二阶低通滤波电路为对象计算元件参数，图 8-7 中电感 L 和电容 C_P 组成最简单的低通滤波电路，按 12kHz 截止频率计算，在额定负载（$R_L = 8\Omega$）下 Q 值约取为 2.0 比较合适。

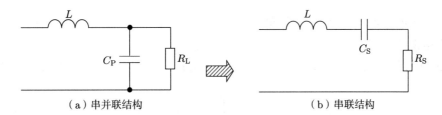

图 8-7　LC 低通滤波电路

图 8-7（b）中等效电阻、等效电容为：

$$R_S = \frac{X_P^2}{R_P^2 + X_P^2} R_P = \frac{R_L}{(\omega R_L C_P)^2 + 1} \tag{8-4}$$

$$C_S = \frac{1}{\omega X_C} = \frac{R_P^2 + X_P^2}{\omega X_P R_P^2} = C_P + \frac{C_P}{(\omega R_L C_P)^2} \tag{8-5}$$

对于纯串联电路，$Q = \frac{1}{\omega_0 R C_S}$，$\omega_0 = \frac{1}{\sqrt{L_S C_S}}$，其中 $\omega_0 = 2\pi f_0 = 7.536 \times 10^4 \text{rad/s}$。

$$Q = \frac{1}{\omega_0 R C_S} = \frac{1}{\omega_0 \dfrac{R_L}{(\omega_0 R_L C_P)^2 + 1} \left[C_P + \dfrac{C_P}{(\omega_0 R_L C_P)^2} \right]} = \omega_0 R_L C_P \tag{8-6}$$

$$C_P = \frac{Q}{\omega_0 R_L} = \frac{2.0}{2\pi \times 12 \times 10^3 \times 8} = 3.3 \times 10^{-6} \text{ F} \tag{8-7}$$

$$L = \frac{1}{\omega_0^2 C_S} = \frac{1}{\omega_0^2 C_P \left[1 + \dfrac{1}{(\omega_0 R_L C_P)^2} \right]} = \frac{R_L^2 C_P}{Q^2 + 1} \approx 42 \times 10^{-6} \text{ H} \qquad (8\text{-}8)$$

由此得到：$L = 42\mu\text{H}$，$C_P = 3.3\mu\text{F}$。

当然，截止频率也可以取得更低一些，甚至于可以取为 10kHz，但功放电路的输入端应当用一阶 RC 低通电路对输入的音频信号加以滤波，RC 低通滤波电路的截止频率也定在 10kHz 上。这样，滤波电感量和电容量都就可以更大一些，滤波时每一个脉冲的电流增量和电压增量都会更小。如滤波电感量取为 42μH，电路施加 45V 电压，静态条件下输出端电位是 22.5V，脉冲施加于电感上的电压为 22.5V（先假设滤波电容上电压基本稳定）。则根据伏安关系式 $V = L\frac{di}{dt}$，电感上电流变化量为：

$$\Delta I = \frac{\Delta V \times t}{L} = \frac{22.5 \times 6 \times 10^{-6}}{42 \times 10^{-6}} = 3.2 \text{ A}$$

式中，t 是脉冲宽度，定为 6μs。如果电感量改为 50μH，则电流变化率只有 2.7A，可以降低供电电源的负担。

3.3μF 电容在 3.2A 电流作用下，根据电容定义式 $V = \frac{Q}{C}$，电容上电压变化量为：

$$V = \frac{\Delta I t}{C} = \frac{3.2 \times 6 \times 10^{-6}}{3.3 \times 10^{-6}} = 0.96 \text{ V}$$

滤波电路截止频率并无严格要求，对应 L、C 参数也可以有一个比较宽的变化范围。如果改用 4.7μF 电容，则脉动电压可以降为 0.67V，再经过第二级滤波，基本可以方便地消除脉动电压。第二级的滤波频率应该略高于第一级，如定为 15kHz。

8.2.4 准谐振式半桥功率电路

为了降低功率电路的开关损耗，也为了降低 D 类功率放大电路的电磁干扰问题，在该电路中设置了缓冲电容，又称准谐振电容。

1）准谐振式半桥功率电路结构

包含输出低通滤波器的准谐振式半桥功率电路如图 8-8 所示，有 2 个脉冲信号输入口 IN$_1$、IN$_2$，一个不平衡式音频信号输出口 OUT。其中 L_1 和 C_{14} 是低通滤波元件，C_{10}、C_{11} 是两只准谐振电容，作用是在开关脉冲死区时间里完成电位升降，使得场效应管具有最小的开关损耗。

对于半桥式功率电路的输出电压大小调整可以由高、低侧管开通的时间比控制，与

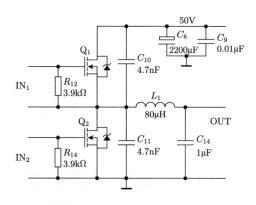

图 8-8 准谐振式半桥功率电路

开关频率无关。设半桥电路的供电电压为 V_{DD}，高侧管导通时间为 t_H，低侧管导通时间为 t_L，死区时间为 t_D，其中 $T = t_H + t_L + t_D$。死区时间内半桥功率电路输出电平不确定。相对于 $1/2$ 电源的输出电压 v_o 为：

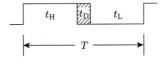

图 8-9　脉冲滤形时间分配

$$v_o = \frac{\dfrac{V_{DD}}{2}t_H - \dfrac{V_{DD}}{2}t_L}{T} = \frac{t_H - t_L}{T}\frac{V_{DD}}{2} \tag{8-9}$$

半桥电路的输出电压正比于 t_H 和 t_L 时间差，正比于电源电压值。但死区时间 t_D 的存在会降低信号最大输出电压值 v_{om}。功率桥的死区时间由 L6384 驱动芯片控制。L6384 芯片可以设定 $0.5 \sim 3.0\mu s$ 不等的死区时间，脉冲宽度由前端电路决定。对于高速场效应管组成的准谐振工作方式而言，$0.5\mu s$ 死区时间完全可以满足电位转换的需要。

2）准谐振电容参数确定方法

所谓"准谐振"是没有完全进入谐振状态，大多数时间被电源钳位而形不能谐振，按 LC 振荡规律转换电压的时间远小于 LC 振荡周期的 $1/2$。因此，一般不按照 LC 谐振周期计算准谐振电容量，而是按照电感电流作用下电容电压变化率估算。如果开关电路的死区时间定为 $1.0\mu s$，准谐振电位转移时间定为 $0.5\mu s$，即要在 $0.5\mu s$ 时间里完成 50V 电位变化。滤波电感量为 $80\mu H$，在 $5\mu s$ 开通时间里电感电流增量约为 1.6A，则：

$$C = \frac{I_m \Delta t}{\sqrt{2}\Delta V} = \frac{1.6 \times 0.5 \times 10^{-6}}{50\sqrt{2}} = 0.01 \times 10^{-6} \text{ F}$$

对于转移电容电位而言，电容 C_{10} 与 C_{11} 呈并联关系，实际每只电容的容量可以取为 4700nF。

当然，准谐振的实现还要依赖于滤波电感器的作用。完成功率电路输出点的电位转移要求滤波电感中的储能量要远高于电容中的储能量。这一条件容易满足，如在图 8-8 电路中，滤波电感的储能量是：

$$w_L = \frac{1}{2}Li^2 = \frac{1}{2} \times 60 \times 10^{-6} \times 1.6^2 = 76.8 \times 10^{-6} \text{ J}$$

而两只准谐振电容的储能量是：

$$w_C = \frac{1}{2}CV^2 = \frac{1}{2} \times 0.01 \times 10^{-6} \times 50^2 = 12.5 \times 10^{-6} \text{ J}$$

电容的储能量远小于电感的储能量，说明储能电容有足够的电压上升量。超出电容储能量的电感储能会向电源释放，利用滤波电感中的储能完全有能力转换电位。如果滤波电感 L_1 的电感量小于为 $80\mu H$，则电感电流增量将增大，准谐振电容的电位转移时间将缩短。

8.3 集成化 D 类功率放大器

充分利用大规模集成电路是电路设计的一个基本原则，有利于提高电路工作的可靠性，缩小电子装置的体积。D 类功率放大器高效率的优点决定了它会得到迅速推广，目前推出了多种型号的专用 D 类功率放大集成电路芯片，但基本属于小功率器件。此类电路将脉宽调制电路（PWM）和功率放大电路集成在一起，只需外接低通滤波电路即可，可以参考 8.2 节的组合式 D 类功率放大电路理解其工作原理。

8.3.1 基于 MAX9713 的集成 D 类功放电路

MAX9713 集成芯片工作电压为 10 ~ 25V，输入阻抗为 31 ~ 58kΩ，最大能够输出 8W 功率，额定阻抗为 8 ~ 16Ω，谐波失真可以低至 0.1%。MAX9713 集成芯片所构成的功放电路如图 8-10 所示。

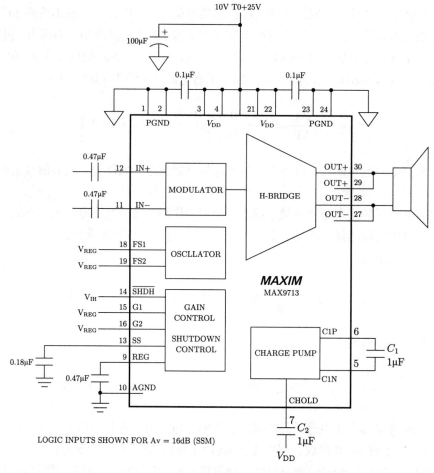

图 8-10　基于 MAX9713 的集成 D 类功放电路

芯片内部开关频率为 335 ~ 460kHz 可设置，由 18、19 端口的逻辑电平控制，如表 8-1 所示。由于开关频率较高，可以不接输出滤波器。16Ω 负载时工作效率约为 85%，8Ω 负载时工作效率约为 75%。

表 8-1　18、19 端口控制关系

FS1	FS2	A_v/dB
0	0	335
0	1	460
1	0	236
1	1	$335 \pm 7\%$

音频信号从第 11 端口或第 12 端口输入，从 27、28、29、30 端口平衡输出。MAX9713 集成芯片的信号电压增益在 13 ~ 22dB 之间可调，由 15、16 端口的逻辑电平控制，控制关系如表 8-2 所示。输入信号电平动态范围为 0.8 ~ 2.5V。

表 8-2　15、16 端口控制关系

G1	G2	A_v/dB	R_{in}/kΩ
0	0	22	31
0	1	19	39
1	0	13	58
1	1	16	48

第 13 端口是软启动端，外接一个 0.47μF 左右的电容，限制芯片上电时脉冲宽度增大速度。

该芯片采用 TQFN32 封装，引脚数较多，不适宜手工焊接。

8.3.2　基于 TPA2031 的集成 D 类功放电路

TPA2031 集成芯片是一款 D 类功率放大器件，其工作电压为 3 ~ 5V，最大能够输出 2.5W 功率，额定阻抗为 8Ω，总谐波失真为 10%。TPA2031 集成芯片所构成的功放电路特别简单，如图 8-11 所示。

芯片内部开关频率为 250kHz。由于开关频率较高，可以不接输出滤波器。输出 400mW 时工作效率约为 88%。

芯片采用 TQFN32 封装，适宜采用回流焊处理。虽然引脚数少，电路结构简单，因封装问题在业余制作中还是显得不够方便。

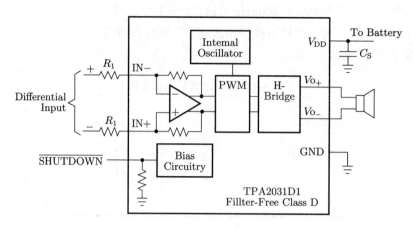

图 8-11　基于 TPA2031 的集成 D 类功放电路

8.3.3　基于 TPA3112D1 的集成 D 类功放电路

TPA3112D1 是用于 8 ～ 26V 供电的 D 类功放芯片。芯片的最大输出功率可以达到 25W（8Ω 负载），自身工作电流 40mA，待机电流 0.4mA，内部开关频率固定为 310kHz。为了保证音质良好，芯片的功率电路工作电源 PV_{CC} 和模拟信号处理电路工作电源 AV_{CC} 分作不同端口施加，防止通过电源线干扰芯片前端模拟信号处理电路。为了增加电源电流和输出电流的载流能力，电源连接端、接地端、信号输出端均采用多引脚并联形式。作了这一些技术处理之后，使得芯片的引脚数较多，如图 8-12 所示，应用电路看起来显得有些复杂，如图 8-13 所示。

图 8-12　TPA3112D1 芯片

电源电压分作 PV_{CC} 和 AV_{CC} 两类，功率电路电源 PV_{CC} 从 15、16、27、28 端输入，相应的功率地端是 19、24 端；模拟信号处理电路工作电源 AV_{CC} 从 7、14 端输入，相应的模拟信号接地端是 8 端；音频信号从第 11 端口或第 12 端口输入，从 18、20、23、25 端口平衡输出；第 1 端 SD 是片选端，低电平有效；第 2 端 FAULT 是休眠端，低电平有效；第 9 端 GV_{DD} 是高电位侧输出场效应管栅极驱动电源端，芯片自给，外接滤波电容即可；第 10 端 PLIMIT 是输出功率限制端，连接至第 9 端时无功率限制功能；第 17、21、22、28 端 BSN 是内部输出场应管栅极电位自举端，外接自举电容。DTA3112D1 集成芯片的信号电压增益在 20 ～ 36dB 可调，由 5、6 端的逻辑电平控制，控制关系见表 8-3。

表 8-3　TPA3112D1 控制关系

GAIN1	GAIN0	A_v/dB	R_{in}/kΩ
0	0	20	60
0	1	26	30
1	0	32	15
1	1	36	9

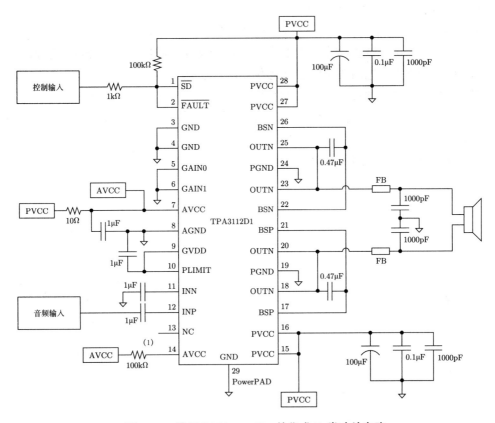

图 8-13　基于 DTA3112D1 的集成 D 类功放电路

芯片的第 1 端口是片选端，低电平有效；第 2 端口是休眠端，低电平有效；第 9 端口是高电位侧输出场效应管栅极驱动电源端；第 10 端口是输出功率限制端，连接至第 9 端时无功率限制功能；第 17、21、22、28 端口是内部输出场应管栅极电位自举端，与信号输出端之间外接两个 0.47μF 左右的电容。

[思考与练习]

1. 音频功率放大电路所需要放大的音频信号波形很复杂，为何讨论电路工作状态时都以正弦波为对象？正弦波信号能代表实际的音频信号吗？

2. D 类功放中脉冲功率电路的死区时间是怎么形成的？

3. D 类功放中音频放大的线性问题是如何保证的？

4. D 类音频功率放大器的音频信号增益决定于什么电路？

5. D 类音频功率放大器的最大输出功率受制于什么？

6. 调制信号的最大输入值决定于什么？

7. 如何确定 D 类音频功率放大器的输出滤波截止频率？

8. 对于图 8-5 的 D 类功率放大电路，若正常输入 50V 电源，而功率电路的输出接近 0V，首要考虑的故障原因是什么？

9. 全桥式功率电路的驱动方式有哪几种？

10. 图 8-5 中 L6384 的作用是什么？其输入输出脉冲相位关系如何？

11. 对于图 8-5 的 D 类功率放大电路，如果 TL494 无脉冲输出，分析可能原因。

12. D 类功率放大电路的输出电流能力取决于什么？

13. 半桥型 D 类功率电路的输出端与地线之间能否直接连接扬声器？

14. 有些由单片 D 类功率放大芯片组成的功率放大电路，其输出为何可以不设置低通滤波电路？

15. D 类功率放大电路与电源逆变器的关系如何？

第9章　音响系统组装工艺

本章介绍电子电气设备装配时的一些工艺问题。电路原理只是一个基础条件，就产品质量保障而言，工程规范和装配工艺占了很重要的地位。因而对组装工艺要有所了解，有助于合理设计电子装置。

9.1　线路连接技术

在电子线路装配中，大家用得最多的是焊接法，但在电气线路连接中，最常用的是螺丝压接法。几种方法各有利弊。

9.1.1　线路连接方法

原理图中表明了电子元件之间相互连的关系与器件所需要的参数等，实际电子器件需要根据原理图中的连接关系进行适当连接。电子器件的连接一般有焊接法、插接法、压接法等。

1）焊接法

焊接法最常用的是线路板焊接。预先根据原理图中器件连接关系和实际器件的安放位置，在线路板上布置线路，即 PCB 设计，然后再用焊锡将电子元件固定在线路板上同时连通电路，如图 9-1 所示。焊接法适用于小型电子器件的安装。

图 9-1　电子电路的基本安装方式

2）压接法

虽然焊接法是最常用的电子线路连接方法，但是焊接法是依靠焊锡材料导电的，焊锡的电阻率远高于铜材料，当工作电流较大时，焊锡材料导电会产生电压降，显得不可靠或者不理想，机械强度比较低。因此，大电流线路最好采用压接的方式。

压接法是用专用钳将接线鼻或连接管与电缆导电芯线压接在一起，如图9-2所示。

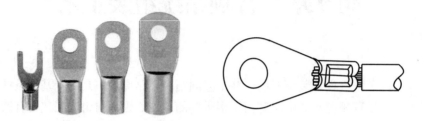

图9-2　接线鼻与压接

3）螺栓连接法

利用螺栓的大压力，将两个导电性能良好的导电材料紧紧地挤压在一起，如图9-3所示。该方法的好处是既有很大的压力保证电路连接良好，又便于拆卸，常用于大电流线路。当然，这两个导电材料的表面必须平整、干净。

4）插接法

要有一些经常需要分离线路的地方，若采用压接法虽然可以分离但不够方便，若采用焊接法更难分离。最简便的则是插接法，利用金属导体的自身弹性，将两个金属导体挤压住。这种方法被广泛使用，比如电气设备的电源插

图9-3　螺栓连接电路

头插座、USB接口就是采用接插法连接线路的。如图9-4所示的是两款基本的接插件。

（a）FDD接线插簧

（b）XH2.54接插件

图9-4　常见接插件

为了适应不同线路连接的需要，插接法中所采用接插件规格较多。与本书配套的电子技术实验平台中，交流电源插座及电源开关的接线采用FDD接线插簧［图9-4（a）］，线路板之间的信号连接采用XH2.54接插件［图9-4（b）］。音响设备中用得较多的还有RCA接插件。

插接法中导体表面的接触电阻越小、弹性力越大，其导电性就越好。由此基本可以按照插拔力大小断定接插件的载流能力。导体表面的接触电阻决定于表面材料，主观上无法感觉，但可以根据价格高低加以判断，表面处理材料性能优良者一般价格较高。

5）绑扎法

绑扎法是将两根导线的导体部分相互缠绕在一起，外部再绑以胶带等绝缘固定，如图 9-5 所示的是单线绑扎法。

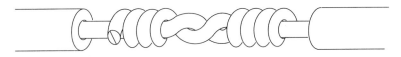

图 9-5　绑扎法接线

绑扎法都是为了简单处理电路连接问题，其可靠性较低，一般只用于交流供电电路中。电子线路中基本不采用此方法连接电路。

9.1.2　常用接插件

便于插拔的接线端子规格较多，音响设备中采用的接插件中还具备一定的抗干扰能力，信号线的连接一般采用专用的同轴电缆连接器。以下是使用比较广泛的标准连接器。音频信号多采用 RCA 接插件，BNC 接插件也用得比较普及。

1）音频信号接插件

音频信号接插件主要有 RCA 接插件和耳机插件，如图 9-6、图 9-7 所示。RCA 接插件又称莲花插头、莲花插座，是音频线路连接的标准接插件，常用于两台设备之间的信号连接，如线路信号、碟片机信号、视频信号等。

图 9-6　RCA 接插件

图 9-7　3mm 同轴插头

与本书配套的电子技术实验平台中，外部声源输入采用 RCA 接插件。

2）BNC 接插件（Q9）

BNC 接插件如图 9-8 所示，其特点是体积中等、有推入旋转锁紧连接机构、最高使用频率可以达到 4GHz，是应用最广的接插件，常用于高频电路中。实验室中的示波器、信号源、毫伏表等仪器的信号线连接插座均采用这一类接插件。

图 9-8　BNC 接插件

3）SMA 接插件

SMA 接插件（图 9-9）的特点是小型同轴插、螺纹连接、使用频率在 DC–12GHz，主要用于高频电路中。

图 9-9　SMA 接插件

4）MCX 接插件

MCX 同轴接插件（图 9-10）的特点是超小型，外形尺寸比 SMB 小 30% 左右，采用推入锁紧式连接机构。使用频率在 DC-6GHz 左右，主要用于高频电路中。

图 9-10　MCX 接插件

接插件的种类很多，因其连接电路方便而被广泛采用。

9.2　功率器件的散热技术

电子线路中功率器件会产生较多热量，使自身温度升高，往往是影响电子设备工作可靠性的关键部件。温度升高直接危害半导体的工作，增加设备的故障率，因此，必须充分重视功率器件的散热问题。

9.2.1　散热器形状

功率器件所产生的热量需要及时散发，防止器件自身温升太高。热量散发的基本途径是传导、对流、辐射三种，其中低温下的散热主要是传导和对流，热量最终是依靠对流的方式散发。对流是将散热器中的热量传导至流体中，最基本的是空气，通过空气的流动源源不断地带走热量。散热器向空气传导热量能力正比于传导面积，散热器的表面积越大传导能力越强，因此，散热器常常做成多叶片状，如图 9-11 所示，增加热量转移能力。目前市场上的散热器形状较多，有很大选择余地，设计人员一般是在现有的产品中选择一种适合自己使用的产品，如图 9-11 所示是几款常见的散热器。只有一些特殊电子设备设计中才根据需要定制散热器。与本书配套的电子技术实验平台采用的是一款大尺寸的成品散热器。

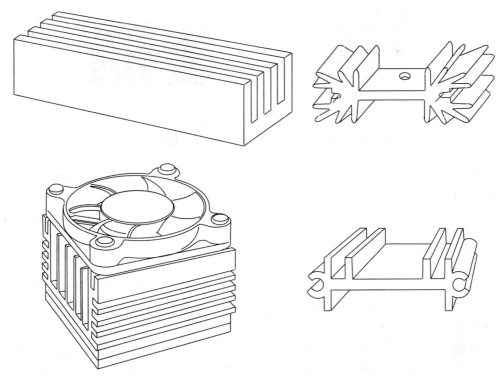

图 9-11　常见散热器形状

通过对流方式散热还与流体流动速度成正比。空气流动分作自然对流和风扇强制流动两种，许多设备为了加大散热能力，采用风扇驱动空气流动方式，即风冷方式。采用风冷方式时，气流方向要顺着散热器叶片方向。

自然对流散热方式是利用热空气上升冷空气下降的原理。若采用自然对流散热方式，同样要保证气流顺着散热器叶片方向，即散热器竖方向放置。

有一些散热要求较高的设备中，也有采用水冷、油冷的方式液冷散热器，利用水、油热容量大的优势，加大散热能力。只是水冷、油冷设施的结构复杂，只用于电力系统中的散热，小型电子设备不采用此方法。

对于有一些功耗较小的功率器件，也可以采用线路板铜膜进行散热，这里就要求在线路板设计时留出足够大的散热面积，保证这一区域通风良好，并要求有足够的焊料厚度和焊接面积，最好能够对铜膜做加厚处理。

9.2.2　散热器材料

热量传导能力取决于材料的热阻，与材料的导热性、导热面积成正比。为保证热传导性能，散热器一般选用铝材或铜材这些具有良好导热性的金属材料。铝材价格低廉，广泛被采用，铜材的价格较高，只用于高档的电子设备中，如笔记本计算机等。

近几年铝型材被广泛地用作电子设备外壳，其良好的导热性是一个重要的因素，可以将壳体与散热器合二为一。图9-12和图9-13中用的就是铝型材壳体用作散热器的电源。

图9-12　铝壳开关型稳压电源　　　　图9-13　铝壳太阳能移动电源

铝质材料的本色是银白色，而白色不利于通过辐射方式散热，因此，很多散热器特地利用化学处理技术将材料表面处理成黑色或暗灰色，这样可以增加热辐射能力，从而增加散热效果。但也有的在散器金属表面涂抹一层黑漆，这样反而损害了热传导效果，不是可取方法。

9.2.3　散热器安装

在电子元器件的封装中，功率器件的体积较大，形成较大的热量传导面积，减小传导热阻。通常功耗越大的器件其体积也越大，但是单就功率件自身的表面积还不足以充分散热，需要外加散热器增大散热面积，提升散热效果。

外加的散热器紧贴于功率器件的散热面上，一般要求两者之间热阻小，绝缘能力高。为此需要在功率器件与散热片之间加一层既绝缘又导热的材料，早期采用天然云母片，现在基本采用导热硅胶片绝缘材料，它们都具有良好的导热性和绝缘能力。导热硅胶片产品有各种厚度的材料和不同的导热系数，最高的可以达到 4.0，接近于金属的导热性，但一般导热硅胶片材质有点像橡皮泥，机械强度较低，无剪切力可言，能够承受一定压力。这种柔性材料的好处是能够紧密地贴附于功率器件的散热面与散热器的导热面上，能够最大限度地传热量。新的导热硅胶片两面贴上了塑料保护片，使用时要剥去这两层保护片。最薄的材料是导热硅脂与玻璃纤维布混合在一起，称为矽胶片，其机械剪切力较大，一般不易损坏，但其导热系数相对较小。

有一些功率器件的散热面与器件自身电极是绝缘的。对于只要求导热性好并不要求加绝缘措施的散热器安装，就省掉了绝缘垫片，但一般要在接触面之间涂抹导热硅脂，以排除两个表面接触时中间形成的空气层，增加导热效果。

功率器件与散热器的连接要施加足够的机械压力，确保两者紧密接触。多数采用螺栓压合，有些不便使用螺栓的地方采用弹簧片压合等措施。

采用铝型材壳体时可以将外壳作为散热器使用，是比较理想的散热结构；如果散热器安装在壳体内部的，要在外壳靠近散热器的部位开设通气孔，保证壳体内、外有空气交换。

9.3　小信号抗干扰技术

电子线路中有些微弱信号容易被干扰，如 MIC 输出的信号等，需要采取抗干扰措施。

9.3.1　传输线屏蔽

屏蔽技术用来抑制电磁骚扰沿空间的传播，即切断辐射骚扰的传播途径。电子设备中大量采用半导体器材和集成电路，这些电子和微电子器件十分脆弱。由雷击产生的暂态电磁脉冲可以直接辐射到这些元器件上，也可以在电源或信号线上感应出过电压波，沿线路侵入电子设备，使电子设备工作失灵或损坏。利用屏蔽体来阻挡或衰减电磁脉冲的能量传播是一种有效的防护措施，电子设备常用的屏蔽体有设备的金属外壳，屏蔽室的外部金属网和电缆的金属护套等，采用屏蔽措施对于保证电子设备的正常和安全运行非常重要。

抑制电缆辐射和接受能力的主要手段是屏蔽和滤波。除了通过良好的滤波的电源线和低频接口外，许多场合必须使用屏蔽电缆。常见的有单层编织网电缆，屏蔽层由单层导线编成网状构成，能提供 80% ~ 95% 的覆盖率，能对低阻抗骚扰源提供防护，如图 9-14 所示。对来自电动机控制电路，磁性线圈过程控制设备和一般家用电器的骚扰提供防护。双层编织网电缆有较高的高频屏蔽效能，能提供来自更高频率，诸如计算机，CAD/CAM 和局域网系统等的骚扰或泄露进行防护。

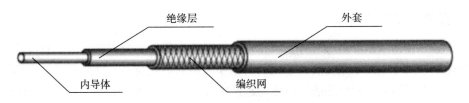

图 9-14　简单结构同轴屏蔽电缆结构

对这种同轴结构电缆屏蔽作用的理解：高频电磁场辐射至金属导体表面，在金属表面会产生电涡流，反射电磁场能量，因而金属导体具有阻挡高频电磁场穿透作用，高频电磁场穿透深度由式（9-1）确定。频率越高阻挡能力越强，同轴电缆的外层金属隔离了内外空间电磁场，外空间干扰信号的能力无法到达同轴电缆的内导体。同样，高频电磁场能量总是在构成回路的两个导体之间的空间传播，同轴电缆中传输的高频信号能量被限制在封闭的狭小内空间中，不会对外产生干扰。电缆外层导体的导电能力决定了屏蔽能力，因而有些电缆外屏蔽层采用多种导电材料叠加的方式。

$$h = \sqrt{\frac{\rho}{\pi \mu f}} \times 10^3 \qquad (9\text{-}1)$$

式中，h 为降至表面值的 $1/e$ 时的深度，mm；ρ 为导体的电阻率，Ωm；μ 为导体的磁导率，H/m；f 为高频交流电的频率，Hz。

弱信号的传输必须采用同轴电缆，例如话筒线就是常用的同轴电缆。同轴电缆根据内芯导体直径与中间绝缘层厚度的关系，形成一定的波阻抗参数，市场上一般为 50Ω 和 75Ω 两种，在高频电路的使用中应该有针对性地选择，低频电路对波阻抗参数没有特殊要求。

9.3.2 接线端子屏蔽

对于微弱信号采用具有屏蔽能力的同芯接线端子，可以减少干扰。为了具备抗干扰能力，信号线的连接一般采用专用的同轴电缆连接器。图 9-15 是使用比较广泛的标准连接器。除了音频信号采用 RCA 接插件外，BNC 连接器用得比较普及。

图 9-15　同轴接线端子

同轴接线端子就是采用了同轴电缆的屏蔽作用，并且有一定的阻抗参数，需要与同规格的同轴电缆配合使用，同轴接线端子的主要规格是电缆直径和电缆阻抗参数。

9.3.3 壳体屏蔽技术

除了信号传输线做屏蔽处理外，设备外壳的屏蔽作用也十分重要，需要有屏蔽作用的设备外壳都采用导电的金属材料，常用的有铁质材料和铝质材料。铁质材料外壳不仅能够阻挡对高频电磁辐射，而且还能对静磁场起到屏蔽作用，价格也比较低廉，是首选材料。

通常设备外壳非一体式结构，而是采用多块材料拼接而成。为了起到良好的电磁屏蔽作用，要保证壳体材料拼接处具有良好的导电性和导磁性。从静磁场的屏蔽效果上看，铁质板材要有足够的厚度，一般采用 1mm 左右的镀锌铁板；同时，板与板的拼接处采用折边叠合，叠合的宽度在 10mm 以上。

为了有效释放静电荷，金属外壳应该做接地处理，简单地可以连接至交流电源的地线上，即三芯电源线的地线，也有的大型设备采用独立接地线。

9.3.4　布局布线

现在的电子设备都在 PCB 板上进行安装，PCB 的布局布线质量对许多电子产品性能有显著影响。

1）PCB 布局布线可能存在的问题

①导线并非理想导体，实际存在电阻，特别是对大电流线路更要重视铜膜的载流能力，过大电流会使铜箔严重发热，甚至烧毁线路。因此，对于承载大电流的线路要预留有足够的宽度。常规 PCB 板铜箔的厚度是 20μm 左右，每毫米宽度的载流能力是 2.0A。当铜箔宽度不足以承载实际电流时，就需要另厚处理或者另外并联分流导体。从散热要求上一般每 1A 电流的线宽不低于 0.5mm；若从阻抗要求上看，线宽度还得加宽。

②导线存在电感效应，特别是长导线，对高频信号有一定影响。

③线与线之间存在布线电容。线间距离越近，导线面积越大，电容效应越明显。

④高频率信号流过的路径、大电流线路存在电磁辐射。与之相对应开放的长导线也容易接收干扰信号。

2）PCB 布局布线的若干原则

PCB 板图的设计是一项实践性较强的工作，一方面要熟悉 PCB 板设计软件，另一方面要积累设计经验，需要考虑因素较多。这里概要地总结一些布线中的基本规律。

（1）最小通量原则。最小通量是指电流回路所形成的包围面积最小。实现最小通量的方法是传输线回路相互靠近；通过电容构成信号回路缩小回路面积。这里也说明 PCB 板布线中要尽量走短线，减少干扰与被干扰。

（2）分区布局原则。采用功能分区法，将某一功能区的元件相互靠近，以减少布线长度和传输反射。各子系统的地线和电源与公共地和电源实现理想连接，各子系统地线连接的是系统基准地线。各子系统间用护沟进行分割。

（3）交叉走线原则。不同层面的信号线相互垂直、斜交或者弯曲走线，尽量避免平行走线，以减少串扰耦合。线条的拐弯处应为圆角或斜角。

（4）大面积接地原则。地线和电源线构成大面积，能够起到电源的平滑电容作用，还可以抑制电源线面的辐射。布线层与金属平面相邻，造就最小通量条件。多地电路中，基本的参考地线作大面积布置。单一功能电路模块只能选择多点接地或者单点接地之中的一种，不能混合使用。一般情况下，1MHz 以下信号频率选择单点接地；1MHz 以上信号频率选择多点接地。图 9-16 是开关电源中的单点接地布局实例，线电流地线、反馈电流地线、开关芯片地线通过独立线路汇聚至滤波电容上。

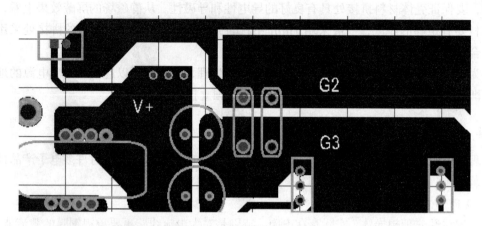

图 9-16 单点接地布局实例

（5）数字电路模拟电路分开原则。数字信号和脉冲信号的边沿升降率、逻辑电路的边沿电流电压转换率决定了谐波能量较大，例如 $f = 160\text{MHz}$ 的时钟，可能产生高达 1.6GHz 的辐射带宽。为了降低相互间干扰，或者将数字地和模拟地安排在不同层内，或者将它们安排在不同平面区域，以防数字信号产生的宽频尖峰电流骚扰模拟信号。

9.3.5　滤波技术

这里所述滤波的目的是消除噪声干扰，去除或降低不希望存在的信号。滤波技术也是最基本的抗干扰技术，重点用于供电线路中。

1）集中滤波法

集中滤波是将滤波器件集中在电路的一个部位上。低频电路一般采用集中滤波，便于构成单点接地的布局结构。大电流的电路必须采用集中滤波法，并且某一大电波流经导线后产生的地线压降不能影响其他电路的工作。例如电源电路中分作输出电路、检测电路、控制电路等，电源输出电路产生的电流比较大，在电源线上也会产生电压降，只是量值较小，如果采用的是单点接地技术，这一电流直接流向滤波电容不会产生电源线耦合问题。如果电源输出电流流经检测电路的地线后再汇聚到滤波电容上，则检测电路必定被干扰，造成电源工作不稳定。

2）分段滤波法

分段滤波是将多个滤波器件分布在电路的不同部位上，每一个部位的滤波器件负责小区域电路的滤波要求。高频电路一般采用分段滤波，这样可以避免高频电流流经较长的线路，产生电源线耦合现象。特别是对于数字器件，容易产生脉冲干扰，往往要求在器件供电引脚附近设置滤波电容。

在小信号放大电路中，必须在电源线上设置分段滤波电路，又称退耦电路，用以消除电源线对信号的耦合作用。在高频小信号放大电路中，往往对每一个放大级各设置一个滤波电路。

3）RC 滤波

RC 滤波电路的实际上是利用电阻、电容分压作用衰减高频信号，稳定电源线电压，电路结构如图 9-17 所示。高频电路和低频电路都可以采用 RC 滤波电路，电流流过 RC 滤波电路会造成功率损耗，因而只适用于工作电流较小的电路中。

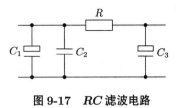

图 9-17　RC 滤波电路

RC 滤波电路中的电阻 R 阻值应该根据允许的电压降确定，如允许电压降为 1V 左右，工作电流约为 5mA，则可以采用 200Ω 电阻。确定滤波电容的容量的方法有时间常数法和衰减比例法两种，它们都是以最低需要滤除的信号频率为参数进行计算。时间常数法中一般要求滤波电路的时间常数大于被滤除信号周期的 5 倍，即 $RC = 5T$，衰减比例法一般要求容抗值是电阻值的 1/30，例如过滤频率为 50Hz，其周期是 0.02s，滤波电阻为 200Ω，则滤波电容 C 应该确定为 500μF。

4）LC 滤波

LC 滤波电路也是利用电感、电容分压作用衰减高频信号，稳定电源线电压，电路结构如图 9-18 所示。LC 元件都是储能元件，电流流过 LC 滤波电路时功率损耗较小，因而无论是大电流还是小电流电路都可以采用 LC 滤波电路。但一般 LC 滤波电路中的电感量较小，低频信号所形成的感抗较小，滤波效果不佳，只适合于高频电路中的滤波。单纯从滤波效果上看，L、C 值越大越好，实际需要参考其他因素综合考虑。

5）大小电容配合滤波

大电容由于容量大，通常使用多层卷绕的方式制作，这就导致了大电容含有电感分量，对高频信号呈现一定感抗，因而大电容的高频性能不好。而一些小容量电容则刚刚相反，由于容量小，体积可以做得很小，附加电感小，这样它就具有了很好的高频性能，但由于容量小的缘故，对低频信号的阻抗大。所以，采用一个大电容再并上一个

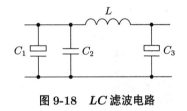

图 9-18　LC 滤波电路

小电容的方式，可以对低频、高频信号都有很好的滤波作用。另一方面，电容器中存在电感成分，会使得每一个电容器存在一个谐振频率，在谐振频率上无法有效滤波。用两个容量、结构完全不同的电容并联使用，可以消除电容的谐振作用，在全频段起到有效滤波作用。

实际使用中，大小电容的容量要求相差 100 倍以上，例如 100μF 的电解电容往往再配一个 0.1μF 的小电容，当然也可配 0.22μF 的小电容。

6）π 型 RC 电源退耦电路的设置要求

电源退耦电路都采用 π 型滤波器，如图 9-17 中的 C_2、R_2 和 C_3 所示。因低频下电容的容抗较大，π 型 RC 电源退耦电路不适用超低频干扰信号的抑制。对于如图 9-19 所示 MIC 信号放大电路，由于引入 RC 电源退耦网络，可能会使得电路工作不稳定，其原因是信号放大输出的负载电流也流经退耦电阻 R_2。当 MIC 输入信号 v_i 电平降低时，负载上的电流将增大，R_2 上的电压降也随之增加，使得放大器输入端的电位下降，与 v_i 相叠加造成正反馈的效果，处理不当会造成低频自激振荡。此时滤波电容起不到滤波作用。

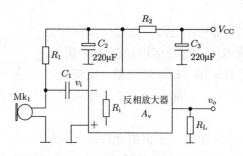

图 9-19　MIC 信号放大电器

低频自激振荡起振的临界条件是反馈至放大器输入端的信号幅度等于 MIC 输入信号的幅度。不考虑电容 C_1 容抗的影响时，必定有：

$$\frac{v_i \times A_v}{R_L} R_2 \frac{R_i}{R_1 + R_i} = v_i \tag{9-2}$$

对于反相放大器，其电压增益限制条件为：

$$A_v < \frac{R_L}{R_2} \frac{(R_1 + R_i)}{R_i} \tag{9-3}$$

有多种方法可以避免低频自激振荡，如增加 R_L 与 R_2 的比值，或减小放大器的电压增益，改反相放大器为同相放大器等。避免低频自激振荡最根本的办法是采用同相放大器。采用同相放大器后，接入的 R_2 只会起到负反馈作用，不存在自激振荡的条件。

实　验

1. 装配扩音机电路模块

对照原理图与线路板，装配 MIC 信号放大电路模块、二阶滤波电路模块、音量音调控制电路模块、电源电路模块等，并测试其工作效果。

2. 拆装电子技术实验平台的各部件

全对基于扩音机的电子技术实验平台，先拍照记录原始结构图，再拆、装实验平台的各部件，确保最后装配正确、牢固，能够正常播放音乐。

3. 整体布局布线分析

考察基于扩音机的电子技术实验平台的布局布线结构，对照电路的抗干扰要求，分析其利与弊。

[**思考与练习**]

1. 线路的连接方法有哪些？按导体间的接触电阻从小到大排序。

2. 功率器件散热方式有哪几类？安装中的注意事项是什么？

3. 从对流、传导、辐射三种热转移方式理解理想散热器的材质、形状和色着。

4. 在音频信号的处理中，干扰噪声源出自何处？抗电磁辐射的主要方法是什么？抑制传导干扰的主要方法是什么？

5. 同轴电缆线相对于开放电缆在输送电信号中有什么优势？什么状态下应当使用同轴电缆传输信号？

6. 双绞线抗信号干扰作用的原理是什么？对适用的信号频率有什么限制？

7. 为什么连接扬声器的信号电缆一般不采用双绞线结构，而是采用平行线电缆。

8. 用电容对电源滤波时，通常是大容量电容与小容量电容配合使用，说明其中的原因，容量配比的原则是什么？

9. 电源退耦电路的结构特征如何？能够消除哪一类电路噪声？

10. 说明 RC 退耦电路和 LC 退耦电路各自的应用场合。

11. 针对于信号放大电路抗干扰要求，在 PCB 布线中要注意哪些事项？

12. 低频电路常采用共点接地方式，这一共点接地的含义是什么？

13. 能否将电源输入端口和声源信号输入端口布置在同一区域，并且共用一条地线？为什么？

14. 如何确定 PCB 板上铜膜的载流能力？采取什么措施增加其载流能力？

15. 在元件布局无特殊要求的情况下，根据走线尽量短的原则，改绘如下 PCB 的布线图（题图 9-1）。

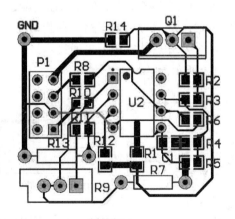

题图 9-1

1　电信号测量技术基础

电子制作中必定要对电路进行参数测量，以把握电路的工作状态，对电路作适当调整，或修正错误。通常要将测量的数据与应当呈现出的参数进行比对，从数据的偏离情况判断出可能存在差错。只有掌握正确的测量方法，才能获得正确的数据。众多测量仪器中示波器是最基本的电子测量仪器，示波器测量的优点是反映的信息全面，缺点是测量精度不高。

1. 电压测量技术

1）示波器测量法

示波器本身是显示电压值的一类仪器，适合测量信号的实时电压。示波器的信号测量探头是同轴电缆结构，具有很好的抗干扰能力。测量时，应当先将地线连接于电路中，再连接测量探头。适当调节 X 轴和 Y 轴的偏转灵敏度、触发同步电平，将波形清楚地显示在示波屏之中，可以根据坐标参数很方便地读出某一类电压值，如电压峰值、最低电平、稳态电压值等。

示波器测量差分电压：因示波器的探头为不对称结构，测量时接地端必须连接于电路的地线上。若将一个探头的两端直接连接在两个对称的输出端，示波器地线会与信号源的地线构成一个回路，将其中一输出端信号对地短路。在测量对称电路输出的差分电压时，需要用双踪示波器同时测量两个差分点的电压，再通过示波器本身的差分电压处理功能，显示出差分电压形，如附图 1-1 所示。

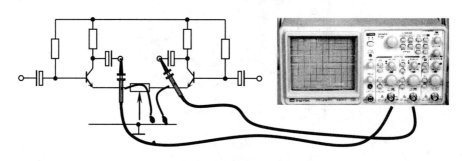

附图 1-1　示波器测量差分电压连线图

2）万用表测量法

万用表是最通用的测量仪表，可以方便地测量电压、电流、电阻值、频率等能数，其优点是分辨力高，操作方便。用万能用表测量电压无所谓对称性，只需要将测量表笔接触电路中被测点即可，要注意的是接触点应当有良好的导电性。

但是万用表的测量引线是完全开放的，测量时会受到外界干扰，因此不适合测量弱信号电压和高频信号电压值，只适合测量稳定的直流电压和低频交流电压。

3）毫伏表测量法

毫伏表是为了测量弱信号电压而设计的电压测量仪表，一般指示的是信号的有效值。因此，毫伏表的测量探头线也是同轴电缆线，具有很好的抗干扰能力。毫伏表端口是开路时，指针不归零而且会不定地晃动，是正常现象。因为端口受到空间电磁波的干扰而感应出电压，这里也从一个侧面证明了零电压的定义：电路中当两个端点短接时为零电压。用毫伏表测量电压时也要先连接地线，再连接芯线。

无论采用哪一种测量法，当测量微弱电压时，要注意防止测量方法，防止接触电阻、导线电压降所引入的误差。例如测量同步整流电路中整流场效管的电压降，测量点应当选择在场效应引脚的根部，这样可以避免导线的电压降带入其中。在判定新购置的功率场效应管质量时，往往要用伏安法测量其导通内阻，即注入给定电流测量导通电压降，这一电压降一般较低，为了防止接触电阻和导线电压降带来的误差，也需要在场效应引脚的根部测量电压。

2. 电流测量技术

1）万用表测量法

万用表具有交直流电流测量功能。用万用表直接测量电流时，必须将测量表棒串联在被测电路中，同时选择好适当的量程。对于直流电，万用表显示的是平均值；对于交流电，数字万用表显示的值可以在有效值和峰值两之间选择，一般默认的是有效值。

2）示波器测量法

示波器本身是用于测量电压的仪器，用示波器测量电流时，一般要预先在测量支路中串联一个小阻值的电阻，将电流转换成电压后，再用示波器测量其电压值，然后换算成被测电流值。也就是采用了电流的间接测量法。

另外，也有用于示波器的电流测量专用探头，其实质是利用载流导线周围存在磁场的原理，用霍尔传感器转换为电压信号再放大处理后，送入示波器显示。采用这种专用探头测量线路电流，就可以避免串联测量的麻烦。

3. 频率测量技术

测量电信号频率的专用仪器是频率计，但目前已经很少采用，因为现代的示波器都具有频率测量功能，而且准确度和分辨率都很高，用示波器测量复杂信号频率时比频率计测量更具有优势。有一些信号源也具备频率测量功能。

采用示波器测量信号频率时，一般是显示触发踪迹的信号频率，与同步电平的调节密切相关。示波器所测得的频率实际是对同步电平位置的脉冲边沿计数所得，测量时，要将同步电平置于被测信号的电平范围之内，对于复杂信号，还要将触发电平避开干扰脉冲，否则就会造成测量错误，如附图 1-2 所示。这正是示波器测量信号频率的优势，能够正确掌控被测值。

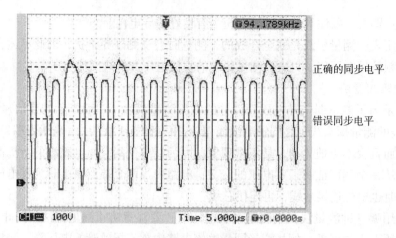

附图 1-2　示波器测量信号频率时的同步电平控制

另一个用于频率参数测量的是频谱分析仪，它是一款更专业的测量仪器，不仅可以给出信号的基础频率，还可以分析出信号的频率成分和不同频率成分信号所占的幅度比例，往往用于高端的测量。

4. 相位测量技术

绝对相位没有意义，相位测量往往是比较两个信号之间的相位差值。目前，相位测量只能采用多踪迹示波器，最常用的是双踪示波器。

用双踪示波器测量两个周期性波形间的相位差实际是采用了比较法，即把波形的一个周期等于 360° 作为标准，按照比例算出两个波形间的相位差。被测的两个信号必须具有相同的频率，这样，比较它们的相位差才有意义。

测量时先将示波器的同步信号取为 CH1 或 CH2，使它们有统一的扫描起始条件，并适当控制触发电平并使信号处于稳定状态。调节 CH1 和 CH2 位移，使两踪波形置于容易读数的位置，或者将正弦波形的中心电平置于某一横轴上，如附图 1-3 所示。则 CH2 信号滞后于 CH1 信号的相角 ϕ 为：

$$\phi = \frac{A}{B} \times 360°$$

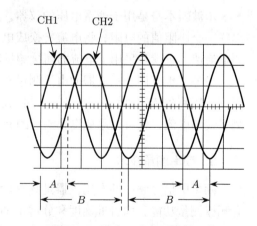

附图 1-3　具有固定相位差有波形

5. 功率测量技术

功率测量需要用到功率计，功率计是功率测量的专用仪器。功率计的信号输入端口有电压和电流两对输入端子，电流输入采用串联结构，因此在被测电路中要预留测量端口。测量时还要注意电压电流的相位关联关系。

2　二阶 LC 高通滤波电路滤波特性分析

二阶高通电路的传递函数：$v_{\mathrm{o}} = \dfrac{\omega^2 R_{\mathrm{L}} L_1 C_1}{R_{\mathrm{L}} + \omega^2 R_{\mathrm{L}} L_1 C_1 - j\omega L_1} v_{\mathrm{i}}$

以谐振频率为计算对象，将串并联电路等效成纯串联电路（附图 2-1），应用串联公式推导。

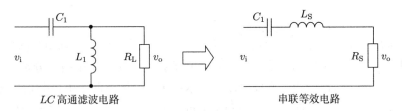

LC 高通滤波电路　　　　　　　　　　串联等效电路

附图 2-1

$$R_{\mathrm{S}} = \frac{X_{\mathrm{P}}^2}{R_{\mathrm{P}}^2 + X_{\mathrm{P}}^2} R_{\mathrm{P}} = \frac{\omega^2 L_1^2 R_{\mathrm{L}}}{R_{\mathrm{L}}^2 + \omega^2 L_1^2}$$

$$L_{\mathrm{S}} = \frac{X_{\mathrm{L}}}{\omega} = \frac{R_{\mathrm{P}}^2 X_{\mathrm{P}}}{\omega\left(X_{\mathrm{P}}^2 + R_{\mathrm{P}}^2\right)} = \frac{R_{\mathrm{L}}^2 L_1}{\left(\omega^2 L_1^2 + R_{\mathrm{L}}^2\right)}$$

特征频率：

$$\omega_0 = \sqrt{\frac{1}{L_{\mathrm{S}} C_1}} = \sqrt{\frac{\omega_0^2 L_1^2 + R_{\mathrm{L}}^2}{R_{\mathrm{L}}^2 L_1 C_1}}$$

$$\omega_0^2 R_{\mathrm{L}}^2 L_1 C_1 = \omega_0^2 L_1^2 + R_{\mathrm{L}}^2$$

$$\omega_0^2 \left(R_{\mathrm{L}}^2 L_1 C_1 - L_1^2\right) = R_{\mathrm{L}}^2$$

$$\omega_0^2 = \frac{R_{\mathrm{L}}^2}{R_{\mathrm{L}}^2 L_1 C_1 - L_1^2} = \frac{1}{L_1 C_1 - L_1^2/R_{\mathrm{L}}^2}$$

$$\omega_0 = \sqrt{\frac{1}{L_1 C_1 - L_1^2/R_{\mathrm{L}}^2}}$$

品质因数：$Q = \dfrac{\omega_0 L_{\mathrm{S}}}{R_{\mathrm{S}}} = \dfrac{\omega_0 R_{\mathrm{L}}^2 L_1}{\left(\omega_0^2 L_1^2 + R_{\mathrm{L}}^2\right)} \dfrac{R_{\mathrm{L}}^2 + \omega_0^2 L_1^2}{\omega_0^2 L_1^2 R_{\mathrm{L}}} = \dfrac{R_{\mathrm{L}}}{\omega_0 L_1}$

3 场效应管的简单检测方法

1. 场效应管功能判断

场效应管功能判断是检查场效应管是否具备电压控制能力，从而断定该场效应管是否损坏，同时对 3 个电极加以区分。

1）电阻法判断结型场效应管（JFET）电极

根据场效应管的 PN 结正、反向电阻值不一样的现象，可以判别出结型场效应管的 3 个电极。具体方法：将数字万用表置于二极管功能挡，任选两个电极，分别测出其正、反向电压降。当某两个电极的正、反向电压降基本相等时，则该两个电极分别是漏极 D 和源极 S。因为对结型场效应管而言，漏极和源极可互换，剩下的电极肯定是栅极 G。也可以将数字万用表的黑表笔（也可以用红表笔）任意接触一个电极，另一个表笔依次去接触其余的两个电极，测量其电压降。当出现两次测得的电压均近似为 0.6V 时，则黑表笔所接触的电极为栅极，其余两电极分别为漏极和源极，判定为 P 沟道场效应管。若两次测出的电压降均很大，则调换黑、红表笔再测试。

2）电阻法判断绝缘栅场效应管（MOSFET）电极

用电阻法判断电极也适用于 MOSFET，并且要注意以下两点。①在测试场效应管用手捏住栅极时，万用表指针可能向右摆动（电阻值减小），也可能向左摆动（电阻值增加）。这是由于人体感应的交流电压较高，而不同的场效应管用电阻挡测量时的工作点可能不同（工作在饱和区内外）所致，试验表明，多数管的 R_{DS} 增大，即表针向左摆动；少数管的 R_{DS} 减小，使表针向右摆动。但无论表针摆动方向如何，只要表针摆动幅度较大，就说明管子有较大的控制能力。②每次测量完毕，应当 G-S 极间短路一下。这是因为 G-S 结电容上会充有少量电荷，建立起 V_{GS} 电压，造成再进行测量时表针可能不动，只有将 G-S 极间电荷短路放掉才行。

2. 测量场效应管的导通内阻

功率场效应管的导通内阻大小是某一型号场效应管的基本特征，可以作为不同型号功率场效应的区分标志。目前市场中存在劣质的、旧翻新的功率场效应管出售，购置时需要对其质量进行检查，特别是大功率器件。

场效应管的性能指标很多，其中检查场效应管的导通内阻大小指标最有效，检测仪器只需用到一台稳压电源和一台数字万用表，检测方法是在场效管栅源极间施加 10V 稳定电压，用稳压电源的限流功能在场效应管漏源极间通以不超过其载流能力的大电流，用数字万用表在场效应管引脚跟部测量出漏源极间电压，再换算出导通内阻，与该场效应管的官方资料作比对。两者数据应该相接近，若相差较大则说明是冒牌货或劣质品。

因为稳压电源的输出电流有限，测量有些大载流能力的场效应管时只能形成 mV 级电压，所以只能采用数字万用表，并且要排除连接导线电压降的影响，只有在场效应管引脚跟部测量其电压降。

4 PCB 板业余制作法

目前电子元件基本都装配在 PCB 板上，PCB 板是制作电路的基本载体，在元件安装前先要制作 PCB 板。实验室中制作 PCB 板的方法是大同小异，基本采用化学腐蚀法。也有采用雕刻法的，但是实际操作比较烦琐。

1. PCB 板类型

普通的 PCB 板由绝缘板基和敷铜膜组成。PCB 板的性能差异主要在于板基材料，最常用的是玻璃布树脂板，包括酚醛树脂、环氧树脂（EP）、聚酰亚胺树脂（PI）、聚酯树脂（PET）、聚苯醚树脂（PPO）、聚四氟乙烯树脂（PTFE）、三聚氰胺甲醛树脂（CE）等。更高档的板基有陶瓷板基、铝基板等。比较廉价的有酚醛纸基板，俗称胶板、阻燃板（附图 4-1）。

（a）酚醛纸基板　　　　　　　（b）环氧树脂基板　　　　　　　（c）陶瓷基板

附图 4-1　PCB 板基材

使用最频繁的是环氧树脂敷铜板，其绝缘性能、机械强度等指标都比较高。视实际要求，板基厚度一般选用 1.6mm、1.0mm、0.8mm 这些常用规格。铜膜厚度一般在 20μm 左右，每毫米宽度的铜膜载流能力不超过 2A。对于承载大电流的线路，往往要采取铜膜加厚措施，或者另外设置增流导线。

2. 设计 PCB 板图

PCB 板设计是根据原理图的要求预定导线位置。在了解所用元器件形状的情况下，采用线路板专业设计软件绘制 PCB 板图，如采用 Altium Desinger 设计软件等。

普通实验室条件下只适宜制作单面板，所以在设计 PCB 的时候，尽量将线路布置在一个层面上，一般是 Bottom Layer 层。如果单面不能完全连通线路，可以留少量顶面线，焊接时用跳线的方法连接线路。多面PCB板以外加工为妥,专业工厂的产品质量比较可靠,目前PCB板的加工费用也在逐渐下降,加工成本还是比较低廉的。

在比较复杂的电路设计中,往往需要经过多次修改、调整才能最终确定线路结构,因而首款PCB板在实验室自行制作,经过试验反复调整电路后,再外加工,可以大量节约设计成本。当然,高超的设计技术、丰富的设计经验是节约成本的最有效手段。

3. 转印蚀刻

1)转印

一般的业余制作是在敷铜板上印刷PCB图,用印刷上去的薄膜保护部分铜箔不被腐蚀,未印膜的裸露铜箔遇化学腐蚀剂即被腐蚀掉,留下的就是与PCB图一致的铜箔线路,作为导电线路使用。

要在敷铜板印刷PCB图,一般的业余制作方法是先把PCB图打印到专用的转印纸上,然后将转印纸面对面地覆盖在敷铜板的敷铜面上,固定相对位置送热转印机转印。

在转印纸上打印PCB图时,图形看上去应该是反面视图,这样在转印时再反转一次就是正面图形了;应该在打印选取项中删除不必打印的层面,只保留Bottom Layer、Keep-Out Layer、Multi Layer三层;并且,图形缩放模式选择"Scaled Print"项,缩放比例选"1.0";颜色选为"单色"。

转达印前先将敷铜板处理干净,确保有良好的附着能力。转印温度控制在140~150℃之间为妥。转印机的操作事项详见其使用说明书。

2)蚀刻

转印后就可进行蚀刻操作。最常用的腐蚀剂是三氯化铁;常用的是盐酸加双氧水,其溶液透明,可视性好,腐蚀速度快。盐酸加双氧水的配制方法:水和浓盐酸以4:3比例混合,即配成10%左右的稀盐酸溶液,再加入少量高浓度双氧水。新配制的腐蚀液呈无色透明状态,使用后变成绿色透明溶液。使用过的腐蚀液还可以保留到下次重复使用。

正常的盐酸加双氧水腐蚀液呈深绿色透明状。若腐蚀液出现黑而混浊的情况,则说明双氧水已经耗尽,再加入一些即可继续腐蚀;若腐蚀液颜色变淡,甚至往淡蓝色方向变化,则说明盐酸浓度不足,需要加入一些浓盐酸;若总是在被腐蚀的PCB板上析出淡蓝色沉淀物,说明腐蚀液过于陈旧,需要彻底更换了。

完成蚀刻后用清水冲洗腐蚀成功的PCB板,去除残留腐蚀液。

注意:盐酸加双氧水腐蚀液具有较强的腐蚀性和挥发性,应该谨慎操作,妥善保存,腐蚀和保存环境要保持通风。新配制腐蚀液时,切记防止浓盐酸酸雾吸入呼吸道,防止双氧水粘到皮肤上,新配制腐蚀液后,立即洗手清理。

4. 钻孔去膜

实验室业余制作线路板的最后一道工序是钻孔和去膜。PCB板完成蚀刻后,钻孔的位置十分明显,因而完成钻孔工序后再去除黑膜、涂抹松香酒精溶液(助焊剂)。涂松香酒精溶液有助焊作用外,还能够对铜箔起到防氧化的保护作用。

　　线路板上大多数孔径较小，操作不当小钻头易被折断。正确方法：钻头下到 PCB 板表面准确核对位置，然后匀速钻入；钻头一旦进入板材后，就是位置偏离了也不能再移位，只能做后期修补；钻头下压速度不能过快，否则小孔不是钻穿的，而是被挤压穿，造成背面板基材料脱胶，表面十分毛糙。正常情况下小孔边沿是平整而光滑的。

　　安全注意事项：钻床是容易造成机械伤人的设备，必须严格按照操作规程进行。不能戴手套操作台钻；不能披着长头发操作台钻；不能围着围巾或身穿松散服装上工作台；操作须谨慎，须经过前期训练后才能独立操作。

参 考 文 献

陈庭勋. 电子设计常用模块与实例 [M]. 杭州：浙江大学出版社，2013.

陈余寿. 电子技术实训指导 [M]. 北京：化学工业出版社，2001.

胡宴如. 模拟电子技术 [M]. 北京：高等教育出版社，2000.

华容茂，过军. 电工、电子技术实习与课程设计 [M]. 北京：高等教育出版社，2000.

姜威等. 实用电子系统设计基础 [M]. 北京：北京理工大学出版社，2008.

康华光. 电子技术基础模拟部分 [M]. 北京：高等教育出版社，2010.

林吉申. 最新世界场效应管特性代换手册 [M]. 福州：福建科学技术出版社，1999.

秦曾煌. 电工学（下册）[M]. 北京：高等教育出版社，2006.

邱关源. 电路 [M]. 北京：高等教育出版社，2006.

谢自美，等. 电子线路综合设计 [M]. 湖北：华中科技大学出版社，2006.

叶挺秀. 电工电子学 [M]. 北京：高等教育出版社，2004.